单片机技术及应用 工作页

杨碧玉　主编

陈泽宇　主审

U0396415

华南理工大学出版社
SOUTH CHINA UNIVERSITY OF TECHNOLOGY PRESS

·广州·

图书在版编目（CIP）数据

单片机技术及应用工作页/杨碧玉主编. — 广州：华南理工大学出版社，2016.12（2022.10重印）
ISBN 978 - 7 - 5623 - 5147 - 4

Ⅰ. ①单… Ⅱ. ①杨… Ⅲ. ①单片微型计算机 Ⅳ. ①TP368.1

中国版本图书馆 CIP 数据核字（2016）第 299923 号

单片机技术及应用工作页

杨碧玉　主编

出 版 人：柯 宁
出版发行：华南理工大学出版社
　　　　　（广州五山华南理工大学 17 号楼　邮编：510640）
　　　　　http：//hg. cb. scut. edu. cn　　　　E-mail: scutc13@ scut. edu. cn
　　　　　营销部电话：020 - 87113487　87111048（传真）
策划编辑：毛润政
责任编辑：王　倩　毛润政
印 刷 者：广州小明数码快印有限公司
开　　本：787mm×1092mm　1/16　印张：19.75　字数：505 千
版　　次：2016 年 12 月第 1 版　2022 年 10 月第 3 次印刷
定　　价：48.00 元

前　言　<<<<<<<<<<<<<

　　"单片机技术及应用"既是一门实践性很强的课程，又是一门较抽象、较难入门的课程。为了提高中职学生的学习兴趣，降低学习难度，让学生在实践中学会 MCS – 51 单片机应用系统制作与程序编制的基本方法，提高学习效率与学习效果，我们编写了本教材。

　　全书基于行动导向的教学理念，遵循技术技能人才职业生涯发展的规律编写，共包含六个学习情境，分别是制作一个闪烁灯、制作一个流水灯、制作一个创意广告灯、制作一个秒表、制作一个智能搅拌机和制作一个有温控功能的智能搅拌机，内容由简单到复杂。同时，每个情境按照认知、设计、制作、检测、评估的顺序编写，其中"认知"和"制作"部分为学习者完成各情境任务提供了必要的知识、方法或范例，"设计"和"检测"部分为学习者完成各情境任务提供了指引及学习过程记录图表，"评估"部分则方便学习者完成项目制作后对达到的目标、效果进行评价。学习情境3～学习情境6的"认知"部分还增加了"应用拓展"内容，它是本学习情境知识与技能之学习、实践的拓展与提高，为学有余力的学习者进一步学习提供支持。

　　本书的单片机应用程序均基于 C 语言编写，书中提供的所有例程都由编者在 XL400 单片机开发板上或根据学习任务要求制作的系统电路板上调试通过。

　　广州市轻工职业学校"单片机技术及应用"精品课程建设组成员杨碧玉、李义梅、杨光电、周伟贤、林俊欢、叶俊杰、叶健滨等老师和广州怡水机电工程有限公司工程技术人员缪国雄参与了本书的编写，其中杨碧玉编写学习情境3和学习情境5，李义梅编写学习情境1，杨光电编写学习情境2，周伟贤编写学习情境4，缪国雄编写学习情境6，叶俊杰负责收集整理附录，叶健滨负责工作页配套微视频的剪辑、发布及对应二维码的编辑，林俊欢负责文稿的校对和程序调试。整个课程建设过程中，在课程开发路径、学习任务提炼等方面得到了广州市教育研究院职业与成人教育教学研究室陈凯老师的指导与帮助，在教材工作页体例、学习目标的提炼方面得到了广州铁路职业技术学院陈泽宇教授的指导和帮助，在课程内容编排与呈现方式的选择方面得到了广州市轻工职业学校岑慧仪高级讲师、蔡基锋高级讲师、梁伟东高级讲师以及广东工程职业技术学院赖友源副教授的指导与帮助。全书由杨碧玉主编、陈泽宇教授主审。在此，对所有参编者以及给予本书指导与帮助的专家、同事、同行表示衷心感谢！

　　由于编写者水平有限，书中疏漏与不妥之处在所难免，恳请学习者批评指正。

编者
2016 年 10 月

目 录 <<<<<<<<<<<<<

学习情境 1 制作一个闪烁灯

【学习情境描述】

你初入职某公司，该公司主要为企业或个人客户提供单片机智能化产品的开发、安装与调试服务。公司安排你和另外三位新入职的同事小 A、小 B、小 C 跟随李工程师（李工）学习一段时间，让你们尽快熟悉单片机智能化产品的特征，认识单片机。

李工给你们找来几个简单的单片机智能化小产品，包括简易广告灯、可调式电子钟、遥控插座和智能温控风机控制器（见附录 1 图 1）。让你们通过观摩单片机智能化产品，找出单片机，认识单片机的作用、类型，归纳单片机的特点；认知 AT89S52 单片机的引脚功能及单片机最小系统，并要求你们在 XL400 单片机开发板上搭建/制作一个闪烁灯，如图 1－1 所示，体验用 AT89S52 单片机去控制一个 LED 灯的过程。

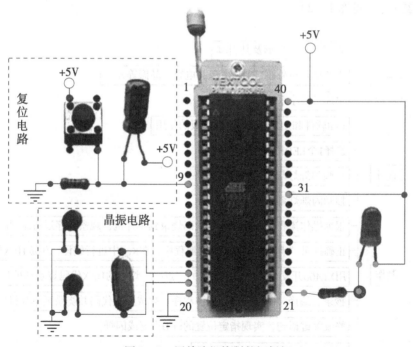

图 1－1　用单片机控制的闪烁灯

【学习目标】

一、知识目标

（1）对照单片机的引脚分布图，能在 AT89S52 单片机实物中指出其电源、GND、复位、晶振引脚的位置。

（2）能叙述单片机正常工作须满足的三要素。

（3）能正确画出一个 LED 灯与单片机的接口电路。

（4）能概述 Keil 软件使用的主要步骤。

二、技能目标

（1）具备读取单片机型号、识别 AT89S52 单片机引脚序号和名称的技能。

（2）具备读取单片机外围电阻阻值、电容的大小、电解电容的极性、LED 极性的技能。

（3）具备在 XL400 中正确搭建一个闪烁灯系统的技能。

（4）具备在 Keil 软件中完成"闪烁灯"程序的编译，生成 HEX 代码的技能。

（5）具备应用 XL400 开发板将程序代码下载到单片机，实现灯闪烁效果的技能。

三、情感态度与职业素养目标

（1）注意着装规范，按时出勤。

（2）有安全意识，愿意与组员沟通、合作。

【学习任务结构】（见图 1 - 2）

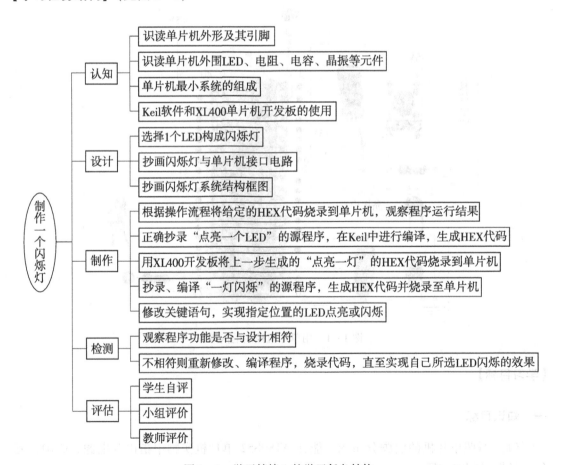

图 1 - 2　学习情境 1 的学习任务结构

【认知】

一、智能化产品的核心——单片机

你一定观察到了简易广告灯、可调式电子钟、智能温控风机控制器中都有一个较显眼的"集成块"。没错！别小看了 20 或 40 脚的黑色芯片，如果把它取下，我们这些产品的功能可就都没有了。当然，遥控插座里面也有这样的芯片，只不过它是 8 脚的，小一些而已。

你可以把它取下来，不过，要注意操作安全，安装时还要认清其方向。

这个"集成块"就是单片机，是智能化产品的核心，如果把产品比作一个人，那么，单片机就相当于人的大脑，产品的智能全来自于它。

一个小小的单片机上集成了中央处理单元 CPU、随机存储器 RAM、只读存储器 ROM、定时/计数器和输入/输出（I/O）口等。从它的组成来看，一个单片机就相当于一台计算机。它因具有许多适用于控制的指令和硬件支持而广泛应用于工业、商业、医疗、生活等各领域的各类智能控制系统中，所以又称为微控制单元（MCU）。

单片机的种类很多，在市场上可以看到很多不同公司的不同型号的单片机，图 1-3 展示了几种不同公司、不同型号、不同封装的单片机。

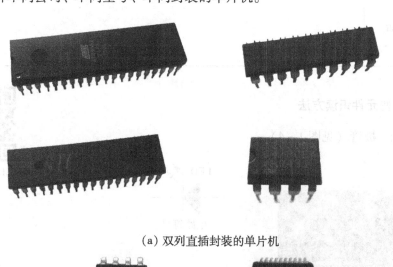

（a）双列直插封装的单片机

（b）贴片封装的单片机

图 1-3　各种各样的单片机

 做一做

1. 你能找到我们产品中用到的单片机并读出它们的型号吗？尝试一下吧，把李工给你们的四个产品中的单片机找出来，并把它们的型号记录在表 1-1 中。

表 1 - 1 单片机型号记录

产品名称	单片机型号	引脚数	引脚编号识读方法
简易广告灯			
可调式电子钟			
遥控插座			
智能温控风机控制器			

2. 观察与思考

各组的"简易广告灯"产品电路结构、元件和单片机是否完全相同？其功能是不是完全相同？为什么会这样？

● 小知识：单片机在产品/控制系统中，相当于产品/控制系统的"大脑"，改变单片机的程序（代码），可改变产品/系统的功能。

3. 结合四个产品，查找相关资料，小组讨论，归纳单片机的特点，填在表 1-2 中。

提示：从单片机的体积、结构、功耗、应用、性价比等方面进行归纳。

表 1 - 2 单片机的特点

单片机的特点	

二、产品中一些元件识读方法

（1）发光二极管（见图 1-4）。

LED极性的识别

LED

电路符号

区分极性常用方法：
● 管脚未剪时：长正短负
● 看电极：小片正，大片呈三角形负

图 1 - 4 发光二极管（LED）

（2）电阻（见图1-5）。

电阻阻值的识读

电阻

R

电路符号

"误差环"：金5%；银10%

用色环区分阻值、颜色和数字的对应关系：

颜色	棕	红	橙	黄	绿	蓝	紫	灰	白	黑
数字	1	2	3	4	5	6	7	8	9	0

这是4环电阻，它的颜色：棕、黑、红（从下往上顺序），前面两环直接读数，后一环表示10的幂的次数，阻值：$10\times10^2=1000\Omega=1K\Omega$

如果是五环电阻，则除"误差环"外，其余四环中，前三环直接读数，后一环表示10的幂的次数

图1-5 电阻

（3）电容（见图1-6）。

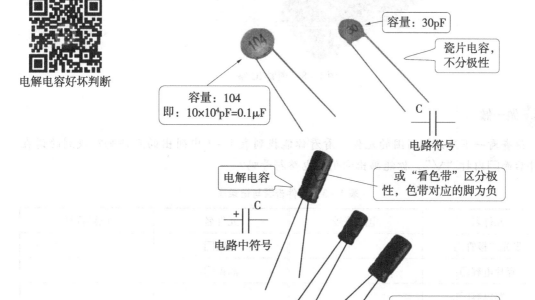

电解电容好坏判断

容量：30pF

瓷片电容，不分极性

容量：104
即：$10\times10^4pF=0.1\mu F$

C

电路符号

电解电容

或"看色带"区分极性，色带对应的脚为负

+ C

电路中符号

未剪脚时，长正短负

图1-6 电容

（4）无源晶振（见图1-7）。

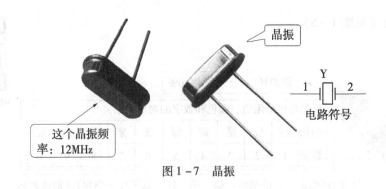

图1-7　晶振

（5）锁紧IC座（见图1-8）。

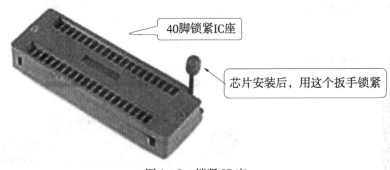

图1-8　锁紧IC座

 做一做

试查看一下单片机周围的元件，看看你能找到表1-3中列出的元件吗？找到的请在元件后面□内打"√"，你能画出它们的电路符号吗？

表1-3　元件查看与记录表

元件名	电路符号	元件名	电路符号
发光二极管□		电阻□	
瓷片电容□		晶振□	
电解电容□			

三、AT89S52 单片机的引脚功能

单片机型号很多，看起来纷繁复杂，但它们的基本原理、基本用法都是相通的，只要熟练掌握其中一种，其他的都可以触类旁通，快速上手了。这里，我们选择了 Atmel 公司的 AT89S52 单片机作为学习芯片。

AT89S52 单片机是一种低功耗高性能的 CMOS 8 位微控制器，内置 8KB 的内部 ROM，256 字节的内部 RAM，32 条可编程 I/O 口线，3 个 16 位定时/计数器，6 个中断源。

图1-9 为 AT89S52 单片机的引脚排列。它共有 40 个引脚，编号为 1 ～ 40，你能读出

它的引脚吗？

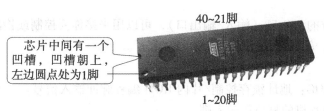

图 1-9 AT89S52 单片机的引脚排列

一般情况下，这种双列直插封装的芯片，左上角（图中凹槽下边圆点处）是 1 脚，逆时针旋转引脚号依次增加，右上角（凹槽上边）是最大脚位。我们现在选用的单片机一共是 40 个引脚，因此右上角就是 40 脚。

再来看看各个引脚的名称和功能吧！请看图 1-10。

AT89S52芯片
引脚的识别

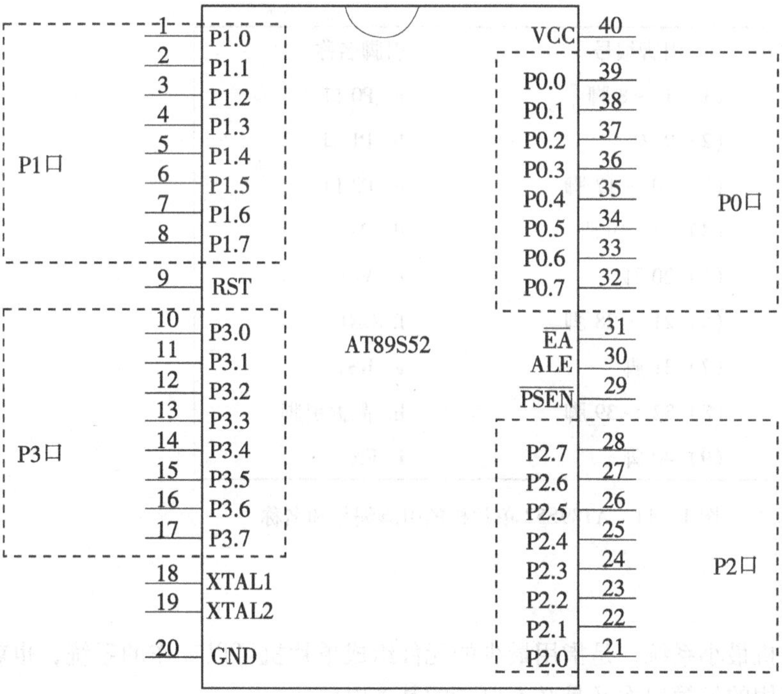

图 1-10 AT89S52 单片机的引脚和 I/O 分布图

单片机的引脚可以分为 4 类。

1. 工作电源引脚

VCC：电源端。

GND：接地端。

工作电压范围：4 ～ 5.5 V。

2. 晶振引脚

XTAL1：芯片内部振荡电路输入端。

XTAL2：芯片内部振荡电路输出端。

当外接晶振时，XTAL1 和 XTAL2 各接晶振的一端。

3．I/O 引脚

共有四组 8 位的 I/O 口（输入/输出口），可以用来接你要控制或检测的外部设备，比如用它接 LED 灯，就可以写程序去控制 LED 灯了。

4．控制引脚

（1）ALE/$\overline{\text{PROG}}$：地址锁存控制/片内 ROM 编程脉冲输入信号。

（2）RST：单片机的复位信号入端。

（3）$\overline{\text{EA}}$/VPP：访问外部程序存储器控制信号/片内 FLASH ROM 编程电源输入。

（4）$\overline{\text{PSEN}}$：外部程序存储器选通信号。

 做一做

观察可调式电子钟的单片机，你能准确找到电源引脚、GND 引脚、晶振引脚、各 I/O 引脚的位置吗？试对图 1-11 中列出的引脚编号和名称进行连线。

引脚编号	引脚名称
（1）1～8 脚	a．P0 口
（2）9 脚	b．P1 口
（3）10～17 脚	c．P2 口
（4）18、19 脚	d．P3 口
（5）20 脚	e．VCC
（6）21～28 脚	f．GND
（7）31 脚	g．RST
（8）32～39 脚	h．晶振引脚
（9）40 脚	i．EA

图 1-11 AT89S52 单片机的引脚编号和名称

四、单片机最小系统

这里所说的单片机最小系统，是指用最少的元件组成单片机可以工作的系统，也就是能满足单片机基本应用的最简单而又是必不可少的基本电路。

那么，怎样才能使单片机正常工作呢？单片机正常工作须满足的三要素是电源、晶振电路和复位电路，这些就构成了单片机最小系统。

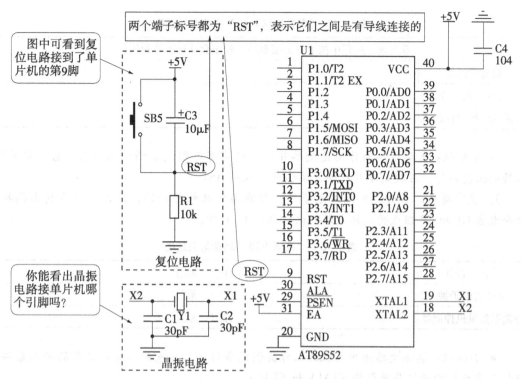

图 1-12 单片机最小系统

图 1-12 是可调式电子钟的部分电路，在图中能看到各种网络标号（简称标号），如单片机 9 脚的标号为"RST"，19 脚的标号为"X1"，等等。图中，标号相同的两个端子，表示它们之间是用导线连接的，例如，复位电路的 RST 是和单片机的第 9 脚连在一起的。

从图中可以看到，它用的电源是 5V 直流电源，电源正极接在 40 脚，电源负极接在 20 脚；复位电路接在单片机的第 9 脚（复位信号输入引脚），它的作用是使单片机的所有寄存器恢复到初始状态；晶振电路接在单片机的第 18、19 脚（XTAL1 和 XTAL2 是外接晶振引脚），它为单片机的工作提供同步时序。

有了这三要素，我们就可以将要控制或检测的器件接至单片机的 I/O 口，然后编程去实现其控制功能。

 做一做

1. 观察简易广告灯、可调式电子钟、智能温控风机控制器中，是否可以找到由复位按键、10μF 的电解电容、10kΩ 电阻（R1）组成的复位电路？记录在表 1-4 中。

表 1-4 产品"复位电路"观察与记录表

简易广告灯	有□ 无□
可调式电子钟	有□ 无□
智能温控风机控制器	有□ 无□

2. 在简易广告灯、可调式电子钟、智能温控风机控制器运行过程中，试分别按下它们的复位按键，观察功能变化，并填写表 1-5。

表1-5　"复位电路功能"观察与记录表

	我发现，运行中按下复位按键后，程序会从这里开始执行：
简易广告灯	
可调式电子钟	
智能温控风机控制器	

● 小知识：复位电路的作用是使单片机的所有寄存器恢复到初始状态，它是单片机工作的必要条件，应接到单片机的复位信号输入端 RST。

3. 观察简易广告灯、可调式电子钟、智能温控风机控制器，是否可以找到由晶振、瓷介电容 C1 和 C2 组成的晶振电路？记录在表1-6中。

表1-6　"晶振电路"观察与记录表

简易广告灯	有□　无□
可调式电子钟	有□　无□
智能温控风机控制器	有□　无□

● 小知识：晶振电路为单片机的工作提供同步时序，它也是单片机工作的必要条件，应接到单片机的外接晶振引脚 XTAL1 和 XTAL2。

4. 查阅 AT89S52 单片机数据手册，思考如果要用 AT89S52 单片机做一个单片机应用系统，那么它的哪些引脚是必须使用的？分别接什么？（或如何构成单片机最小系统？）记录在表1-7中。

表1-7　单片机工作必须接的引脚记录表

引脚名称	编　号	外　接

五、单片机系统的结构框图

单片机智能产品/系统设计之初，通常要先画该产品的结构框图，在该图中反映出所用单片机的型号及其 I/O 分配情况。其作用在于方便设计人员设计硬件电路，方便编程人员正确编制控制程序，方便产品/系统维护、检修人员快速熟悉产品、查找故障并维护、检修。

当然，在已有原理图的情况下，我们也可以根据原理图画出其对应的结构框图。

那么，如何根据产品原理图画出其结构框图呢？现在我们以一个简单的 LED 灯控制系统为例，说明画结构框图的方法。

假设，我们在单片机最小系统的基础上，将单片机的 P1.0 和 P1.1 两位 I/O 分别用于控制 LED1 和 LED2 这两个 LED 灯，P1.2 用于检测按键 K1，组成一个 LED 灯控制系统，电路如图 1 – 13 所示。

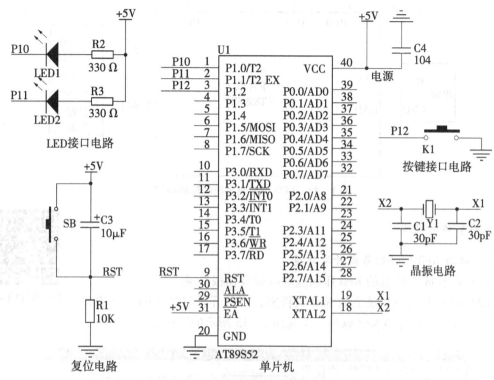

图 1 – 13 LED 灯控制系统电路图

1. 划分系统功能电路

从图 1 – 13 中可以看到，这个单片机系统的功能电路有电源、复位电路、晶振电路、LED 接口电路、按键接口电路等。我们可以查找这些电路分别与单片机的哪些 I/O 口或引脚连接，并将与单片机 I/O 连接的功能电路列表表示，如表 1 – 8 所示（这个表也称为单片机的 I/O 分配表）。

表 1 – 8 LED 灯控制系统 I/O 分配表

LED 电路		按键检测电路	
LED 名称	单片机引脚名称	按键名称	单片机引脚名称
LED1	P1.0	K1	P1.2
LED2	P1.1		

2. 画系统结构框图

有了单片机的 I/O 分配表，就可以将每一个功能电路用一个方框来表示，并将它们与单片机（也用方框表示）I/O 用线或排线连接起来，标上单片机相应 I/O 名称，再加上电源、复位电路、晶振电路，得到其对应的结构框图。如图 1 – 14 所示就是这个 LED 灯控制系统的结构框图。

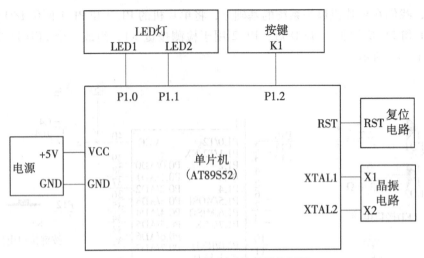

图 1－14　LED 灯控制系统的结构框图

六、Keil 软件的使用

1. 启动 Keil 软件的集成开发环境

（1）将存放在 E 盘的 Keil 压缩包解压到 C 盘根目录。

（2）打开 C 盘根目录下的 Keil 文件夹，再打开其目录下的 uV2 文件夹。双击 uV2. exe 启动 Keil 软件，出现图 1－15 所示的界面。

Keil软件的安装

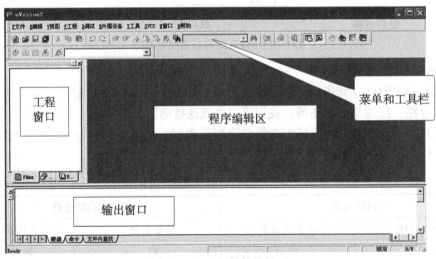

图 1－15　Keil 软件的界面

2. Keil 软件使用的主要步骤

（1）几点说明。

①采用的编程语言：C 语言。

②源程序文件以".c"为扩展名，表示该文件是"C 语言程序文件"。

③输入程序时，请先关闭中文输入法；字母区分大小写；注意符号，如分号、逗号要区分；该留空格处要空一格；注意字母与数字区分，如"数字 0"与"字母 O"，"数字

1"和"字母 l"等。

④I/O 口后跟的是数字，如 P0，P1。

⑤表示 I/O 口的"P"要大写。

（2）Keil 软件使用主要步骤，如图 1-16 所示。

Keil软件的使用

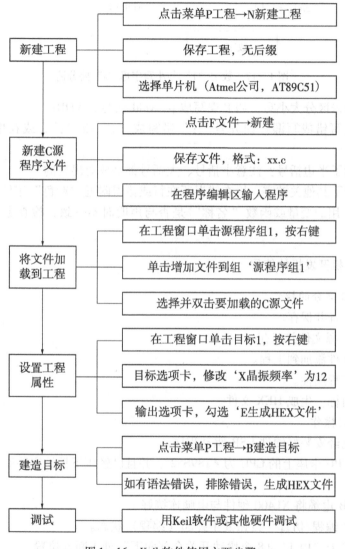

图 1-16　Keil 软件使用主要步骤

3. 编译过程常见错误及排除

建造目标（编译）过程中，常因各种错误（通常是 C 语言语法错误）导致"目标没有产生"，此时，可在 Keil 软件的输出窗口双击错误提示行，然后在程序编辑区找到错误所在行或相关位置，结合错误提示进行排除。每排除一个错误就可以重新建造目标。常见错误原因有以下几种：

①"数字 0"是否误写成"字母 O"？检查"P0""0x"处。

②"数字 1"是否误写成"字母 l"，或者"字母 l"误写成"数字 1"？如图 1-17

所示。

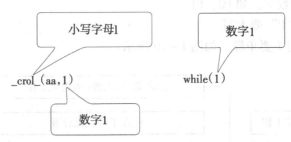

图 1-17　数字"1"与小写字母"l"要分清

③字母是否未区分大小写，如 P 误写成 p，void 误写成 VOID。

④符号是否写错或写漏？如分号";"错写成","或":"，或在中文输入法下写";"或","。

⑤是否写漏了半边括号？注意小括号、大括号都是成对出现的。

⑥是否写错了其他关键字，检查错误所在行或错误附近"蓝色"字体处。

⑦所（调）用的变量或函数"名称"是否与声明时不一致，检查定义的变量及调用的子函数。

七、XL400 单片机开发板的使用

1. Keil 软件部分的操作

（1）创建工程并保存。

（2）创建 C 源文件并保存。

（3）将源文件添加到工程。

（4）设置工程属性。

（5）建造目标，生成 HEX 文件。

XL400的安装

2. XL400 的操作

（1）确认已经安装好硬件 USB 驱动程序。

（2）确认 CPU 卡座上的 CPU 为 AT89S52，并且已经压下扳手安装好，芯片朝上。

XL400的使用

（3）用 USB 电缆将 XL400 硬件与电脑连接好。

（4）确认"编程/仿真"按钮处于弹起（编程）状态。

（5）确认接于"P1 口的 8 个拨动开关全部向下"处于断开位置。

3. XLISP 下载软件操作

（1）双击桌面 图标，出现 XLISP 下载软件的界面，如图 1-18 所示，界面各功能区说明如表 1-9 所示。

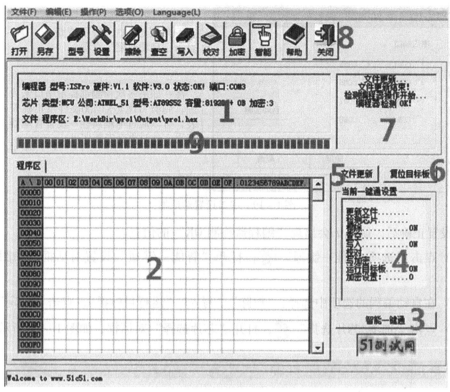

图 1-18 XLISP 下载软件界面

表 1-9 XLISP 下载软件界面功能区说明

功能区编号	说 明	功能区编号	说 明
1	软件状态信息窗口 显示当前的信息、状态、端口	6	复位目标板 方便在线调试程序
2	程序区与数据区 显示被烧录的数据，可以编辑	7	操作状态汇报窗口 动态显示当前所有编程操作情况
3	智能一键通，可以实现快捷编程	8	菜单与工具条
4	智能一键通设置状态窗口 显示智能一键通当前的设置状态	9	编程进度指示 动态显示当前编程操作进度
5	文件更新 手工更新目标文件		

（2）选择正确的串口。

①点击"选项/串口"，打开"串口设置"对话框，如图 1-19 所示。

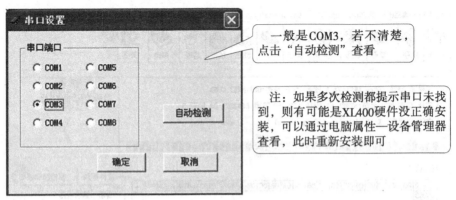

图1-19 串口设置对话框

②设置正确后，区域7会出现"编程器检测 OK"的信息。

（3）点击"选项/智能一键通" 🔧，打开"智能一键通"设置对话框，如图1-20所示。

（4）在自动编程的选项中选择："擦除""写入""运行目标板"，点击"确定"。

（5）点击"选项/芯片选择" 📟，打开"芯片选择"对话框，如图1-21所示。

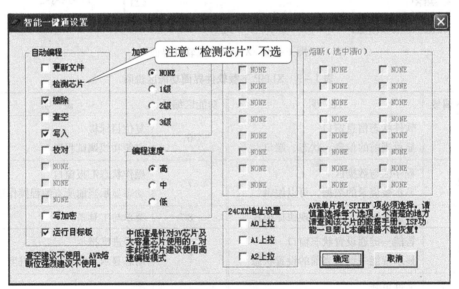

图1-20 "智能一键通设置"对话框

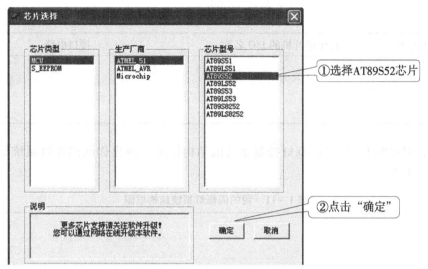

图 1 - 21 "芯片选择"对话框

在芯片类型的对话框中选择 MCU \ ATMEL_51 \ AT89S52，然后点击"确定"。

（6）点击 ，选择需要烧录（调试）的程序对应的"HEX"文件，如"led1. hex"，然后点击"打开"。

（7）点击"智能一键通"，对话框中出现："擦除开始…"，擦除操作完成，程序编程"操作开始…"，程序编程操作 OK! 退出编程，目标板运行!

程序烧录完成。同时，在 XL400 开发板上可以看到程序的运行结果。

【设计】

一、硬件设计

从 XL400 硬件电路可以看到，单片机（AT89S52）每位 I/O 都分别接了一个 LED，各 LED 与单片机的连接方式如图 1 - 22 所示。这里需要选择其中一个 LED，并确定它接于单片机的 I/O 端口。例如，我们选择接于单片机 I/O 名称为 P2.0 的 LED，并将这个 LED 命名为 LED0（也可以给它取别的名称）。

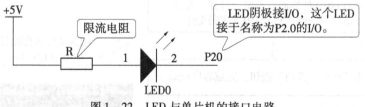

图 1 - 22 LED 与单片机的接口电路

现在，请确定你想要实现闪烁的 LED，并给它命名! 把你的 LED 的信息填在表 1 - 10 中。

表 1 - 10   我的闪烁灯信息

闪烁灯名称	接于单片机的 I/O 名称	接口电路

然后，对照图 1 - 14 "LED 灯控制系统的结构框图" 画出你的闪烁灯系统结构框图。画在表 1 - 11 中。

表 1 - 11   我的闪烁灯系统结构框图

二、点亮一个 LED

（1）按图 1 - 23 的流程将给定的单片机 HEX 代码烧录到单片机。

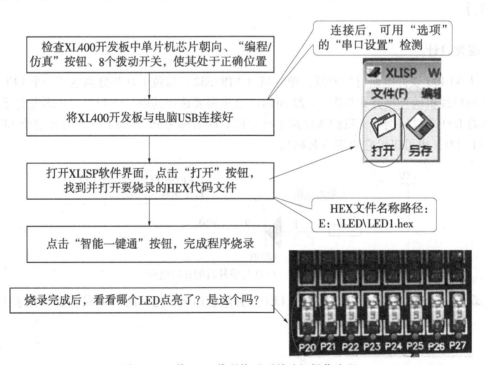

图 1 - 23   将 HEX 代码烧录到单片机操作流程

关于 HEX 代码与源程序的说明：

其实，刚才烧录到单片机的"HEX"代码，是单片机能识别，而人很难懂的机器码；编程者编制的程序（我们称为源程序），则是人很容易读懂，单片机却不能识别。那怎么办呢？这时要通过 Keil 软件或其他编译工具把源程序转换成 HEX 代码才能烧录到单片机。

接下来，我们就来尝试把源程序转换成 HEX 代码吧！

（2）应用 Keil 软件将"点亮一个 LED"的 C 源程序编译，生成对应的 HEX 代码，操作流程如图 1 – 24 所示。

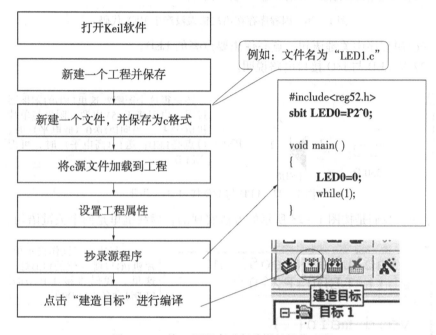

图 1 – 24　将 C 源程序进行编译的操作流程

编译（建造目标）后可以在输出窗口看到编译结果，图 1 – 25 和图 1 – 26 是两种常见的结果。

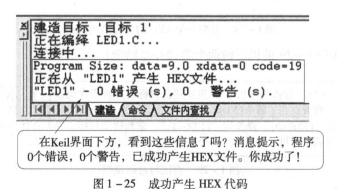

图 1 – 25　成功产生 HEX 代码

19

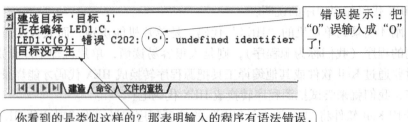

图 1-26　因程序存在语法错误没产生 HEX 代码

LED的控制方法

（3）修改源程序中关键语句，点亮你想要点亮的 LED。

图 1-27 是 LED 与 I/O 接口电路说明。

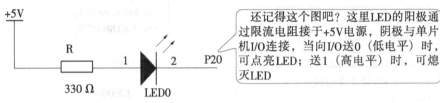

图 1-27　LED 与 I/O 接口电路说明

在程序中，我们是按图 1-28 所示的方法实现的，虚线框里是两个关键语句。

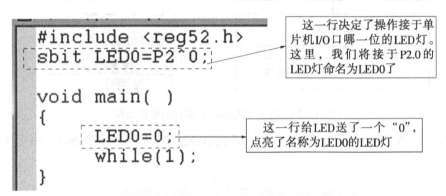

```
#include <reg52.h>
sbit LED0=P2^0;

void main( )
{
    LED0=0;
    while(1);
}
```

这一行决定了操作接于单片机I/O口哪一位的LED灯。这里，我们将接于P2.0的LED灯命名为LED0了

这一行给LED送了一个"0"，点亮了名称为LED0的LED灯

图 1-28　点亮一个 LED 的关键语句说明

现在，请你按图 1-29 的说明做两个尝试并总结吧！

（1）将"P2^0"修改为"P2^5"，重新建造目标，并将程序烧录到单片机，看看点亮了哪个LED灯。

（2）再将"LED0=0；"修改为"LED0=1；"，重新建造目标，并将程序烧录到单片机，看看刚才那个亮着的LED灯熄灭了没有

小组讨论并总结一下，有什么规律吗？

图 1-29　尝试与总结说明

（4）如果想同时点亮两个 LED 灯，你有办法实现吗？尝试一下吧！

三、实现一个 LED 灯闪烁

（1）将给定的 HEX 代码烧录到单片机，文件路径：E: \LED1 \LED2. hex。图 1-30 是

LED 闪烁过程说明。

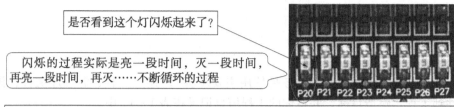

图 1-30　LED 灯闪烁过程说明

那么，程序中如何实现延时呢？请看图 1-31 的闪烁流程图及延时方法说明。

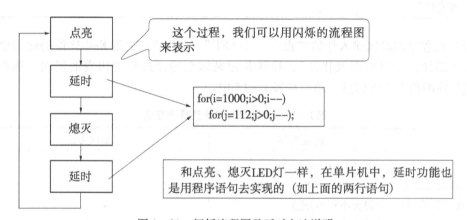

图 1-31　闪烁流程图及延时方法说明

（2）在 Keil 软件中，修改"点亮一个 LED 灯"的源程序，在适当的位置添加延时功能语句，实现闪烁效果。操作要点如图 1-32 所示。

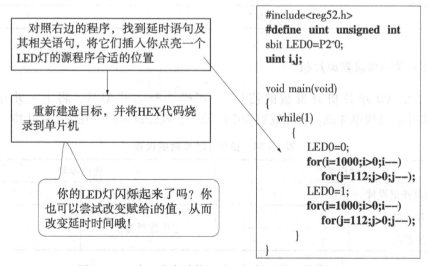

图 1-32　改"点亮功能"为"闪烁功能"操作要点

（3）如果想让两个 LED 灯以同时点亮/同时熄灭的规律持续闪烁，你有办法实现吗？

【制作】

一、输入程序，生成 HEX 代码

（1）对照图 1 – 16 所示"Keil 软件使用主要步骤"，建立工程、源程序文件，添加源程序文件到工程，建造目标，并将你的工程信息记录在表 1 – 12 中。

表 1 – 12　我的工程信息

工程名称	
保存路径	
源文件名称	

（2）在程序编辑区输入你的"点亮一个 LED"的程序，对照 Keil 软件的使用中"建造目标（编译）常见错误及排除"，排除并记录你在编译过程中出现的错误。顺利编译后，记下你的程序代码信息，填写在表 1 – 13 中。

表 1 – 13　我遇到的问题及解决方法

	问题类型	解决方法
所遇问题及解决方法（在 □ 内打"√"）	"0"与"O"不分□ "字母 l"与"数字 1"不分□ 字母大小写不分□ 符号写错、写漏□ 括号写错、写漏□ 变量名、函数名前后不一致□	
程序代码信息	HEX 文件名称	
	代码大小	

二、把 HEX 代码烧录到单片机

阅读"XL400 单片机开发板的使用"，正确选择芯片型号，将上一步中生成的"HEX"文件烧录到单片机。将完成过程中的硬件、软件设置记录在表 1 – 14 中。

表 1 – 14　使用 XL400 时的设置

硬件设置		软件设置	
编程/仿真按键设置		芯片型号	
拨动开关设置		芯片选择方法	
芯片朝向			

【检测】

（1）观察 XL400 中"硬件设计"对应的 LED 灯是否点亮了，如果是，进行下一步，如果没亮或者点亮的灯与设计不对应，则认真检查原因，并修正。

（2）在你的"点亮 LED 灯"的程序适当位置添加延时语句及其相关语句，实现你的 LED 灯的闪烁功能。

（3）重新点击"建造目标"，排除语法错误，生成 HEX 代码，并烧录到单片机，观察这个灯是否持续闪烁，如果不是，则认真检查原因并修正，直至灯的闪烁效果与设计相符。

【评估】

一、自我评价（40 分）

由学生根据学习任务的完成情况进行自我评价，评分值记录于表 1–15 中。

表 1–15　自我评价表

项目内容	配分	评分标准	扣分	得分
1. 认知	30 分	（1）读取简易广告灯、可调式电子钟、智能温控风机控制器产品中的单片机型号，错一个扣 2 分； （2）识读指定电阻、电容、LED、晶振等单片机外围元件，错一个扣 2 分； （3）识别 AT89S52 单片机的电源、接地、复位、晶振引脚位置，错一个扣 2 分； （4）不能识别 AT89S52 单片机的引脚序号，扣 3 分； （5）单片机正常工作须满足的三要素叙述缺漏，酌情扣 2～3 分； （6）Keil 软件使用的主要步骤叙述缺漏，酌情扣 2～3 分		
2. 设计	10 分	（1）画闪烁灯与单片机的接口电路，错一处扣 1 分； （2）画闪烁灯系统结构框图，错一处扣 1 分		
3. 制作	30 分	（1）对照 Keil 软件使用主要步骤仍不能顺利完成建工程、文件、保存、添加文件到工程等操作，每处（次）扣 1 分； （2）不能正确抄录"一灯点亮"的程序并顺利编译，得到 HEX 代码，酌情扣 3～5 分； （3）不能正确抄录"一灯闪烁"的程序并顺利编译，得到 HEX 代码，酌情扣 3～5 分； （4）运用 XL400 将 HEX 代码烧录到单片机过程出错（如按钮位置设置、打开文件错等），每处（次）扣 1 分		
4. 检测	10 分	（1）没有 LED 灯可以闪烁，本项目分全扣； （2）闪烁的 LED 灯与设计不相符，酌情扣 3～5 分		
5. 安全、文明操作	20 分	（1）违反操作规程，产生不安全因素，可酌情扣 7～10 分； （2）着装不规范，可酌情扣 3～5 分； （3）迟到、早退、工作场地不清洁，每次扣 1～2 分		
总评分 =（1～5 项总分）×40%				

二、小组评价（30分）

由同一学习小组的同学结合自评的情况进行互评，将评分值记录于表1-16中。

表1-16 小组评价表

项目内容	配　分	得　分
1. 学习记录与自我评价情况	20分	
2. 对实训室规章制度的学习和掌握情况	20分	
3. 相互帮助与协作能力	20分	
4. 安全、质量意识与责任心	20分	
5. 能否主动参与整理工具与场地清洁	20分	
总评分 =（1～5项总分）×30%		

三、教师评价（30分）

由指导教师根据自评和互评的结果进行综合评价，并将评价意见和评分值记录于表1-17中。

表1-17 教师评价表

教师总体评价意见：	
教师评分（30分）	
总评分 = 自我评分 + 小组评分 + 教师评分	

参加评价的教师签名：

年　　月　　日

【课外作业】

（1）查阅AT89S52单片机的数据手册，熟悉其I/O口和最小系统的组成。

（2）画出单片机最小系统的结构框图。

（3）思考：怎样修改程序，实现两个LED一起闪烁?

学习情境2　制作一个流水灯

【学习情境描述】

　　你一定注意到，夜晚的广州，大街上的广告灯或闪烁或流动，非常好看。你也想做一个广告灯了吧。别急！这里，李工要求你先在 XL400 单片机开发板上搭建/制作一个流水灯，如图 2-1 所示，并且模仿一些编程实例，去实现这些灯流动的效果，从而学会识读简单的单片机程序，并通过修改程序的某些部分实现一些新的功能，积累一些程序调试经验，为以后制作广告灯做准备。

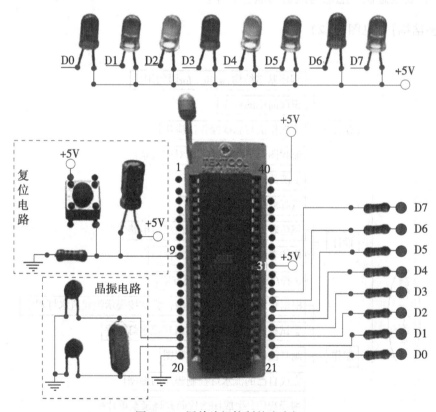

图 2-1　用单片机控制的流水灯

【学习目标】

一、知识目标

　　(1) 对照 C 程序基本结构图，能指出给定程序的声明部分、主函数和子函数。
　　(2) 对照 for、while 语句的基本格式，能辨认给定程序中 for、while 语句的正确性。
　　(3) 能叙述程序流程图和语句的对应关系。

（4）能对照子函数的格式，辨认所用的延时子函数的带或不带参数的特征。

二、技能目标

（1）具备正确选择 LED 灯组建一个"一"字形流水灯的技能。

（2）具备用位操作法或总线操作法对单片机 I/O 进行"写"操作的技能。

（3）具备正确应用 for 语句实现流水灯延时功能的技能。

（4）具备正确应用 while 语句实现流水灯无限循环的技能。

（5）具备通过修改程序，正确实现流水灯"流动"效果的技能。

三、情感态度与职业素养目标

（1）注意着装规范，按时出勤。

（2）有安全意识，愿意与组员沟通、合作。

【学习任务结构】（见图 2-2）

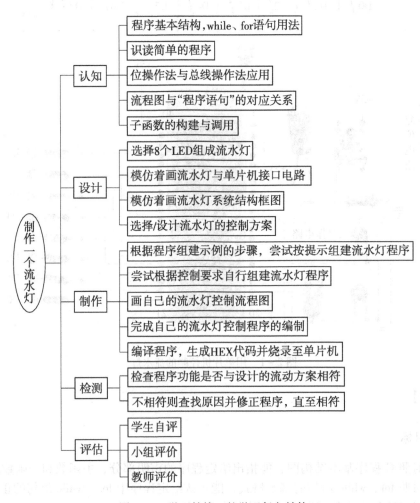

图 2-2 学习情境 2 的学习任务结构

【认知】

一、单片机程序编制要点

（1）驱动对象（如 LED 灯、数码管等）与单片机的接口（它由哪一位或哪几位 I/O 控制，每一位 I/O 是作输入（读），还是作输出（写），这些 I/O 的读写时序如何？每一位 I/O 是低电平还是高电平，是上升沿还是下降沿有效）。以上信息，有些（如 LED、按键等）可由器件与单片机的接口电路直接看出，有些（如 1602、12864、ADC0809 等集成器件）则要查找器件相关手册，按规定的时序、电平读/写数据。

（2）采用什么语言（汇编语言、C 语言）编程（注：本工作页例程均采用 C 语言进行编程）。

（3）所用编程语言的基本结构、语法。

 做一做

我们编程时将采用＿＿＿作为编程语言，故源程序文档以.c 为扩展名（后缀）；例如，名称为闪烁灯的源程序文档应保存为闪烁灯 .c。

二、C 语言程序基本结构

C 语言程序的基本结构如图 2－3 所示。

C程序的基本结构

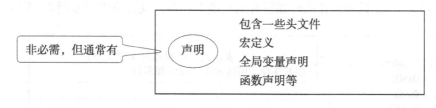

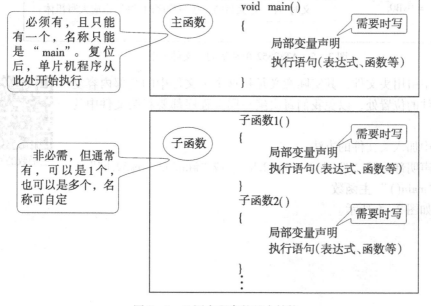

图 2－3　C 语言程序的基本结构

三、识读程序 1

（1）源程序，如图 2-4 所示。

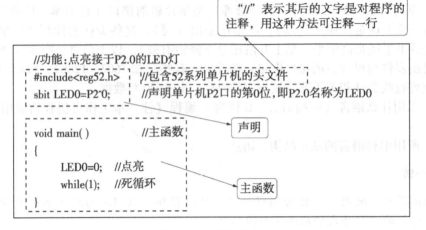

"//"表示其后的文字是对程序的注释，用这种方法可注释一行

```
//功能:点亮接于P2.0的LED灯
#include<reg52.h>      //包含52系列单片机的头文件
sbit LED0=P2^0;        //声明单片机P2口的第0位，即P2.0名称为LED0

void main()            //主函数
{
        LED0=0;    //点亮
        while(1);  //死循环
}
```

声明

主函数

图 2-4　源程序 1

（2）注解。

◆ 关于头文件"reg52.h"

①reg52.h 定义了 52 系列单片机内部所有的功能寄存器。其部分内容如图 2-5 所示。

```
/*  BYTE Registers  */
sfr P0    = 0x80;
sfr P1    = 0x90;
sfr P2    = 0xA0;
sfr P3    = 0xB0;
……
```

"/*……*/"表示其中间粗体的文字是对程序的注释，用这种方法可注释多行

图2-4所示的源程序中，我们用到了P2口，此处定义时"P"是大写的，故写程序时"P"也应大写粗体

图 2-5　AT89S52 单片机的头文件说明

②在代码中引用头文件，其实际意义是将这个头文件中的全部内容复制到引用头文件的位置处，以免我们每次编写同类程序都要将头文件中的语句重复编写。

③在代码中加入头文件的方法。

在程序的声明部分写"#include＜reg52.h＞"或"#include"reg52.h""。

◆ 关于"main()"主函数

①格式：如图 2-6 所示。

主函数的写法

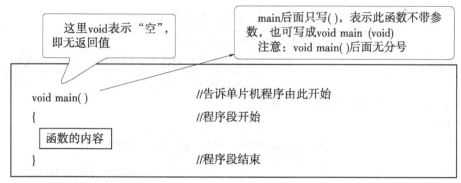

图2-6 main 函数的格式说明

②特点：无返回值，无参数。

main 前面的 void 表示 "空"，即无返回值，无返回值表示该函数执行后不返回任何值；main 后面只写（），表示括号中没有任何参数，此时也可以在括号内写 void，表示 "空"，即写成 void main(void)。

注意：

任何一个单片机 C 程序有且仅有一个 main 函数，它是整个程序开始执行的入口。写完了 main() 之后，在下面有一对大括号，这是 C 语言中函数写法的基本要求之一，即在一个函数中，所有的语句都写在这个函数的一对大括号内，每条语句结束后都要加上分号，语句和语句之间可以用空格或回车隔开。

◆ sbit 语句的用法

①作用：用于声明可位寻址的特殊功能寄存器（比如 I/O 口）的位，以便于对寄存器的某一位进行操作。比如，用它声明 P2 口的 P2.0 位，以后就可以单独对这一位进行操作（读取或写1、写0）了。

②格式示例与说明：如图2-7所示。

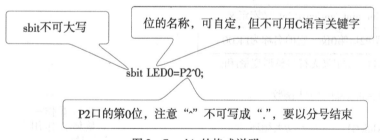

图2-7 sbit 的格式说明

我们这里用到了一个 LED 灯，接在 P2 口的 P2.0，"sbit LED0 = P2^0;" 语句的意思是将 P2.0 这位 I/O 重新命名为 LED0，以后要独立操作 P2.0 这位 I/O 时，直接操作 LED0 就可以了。

 做一做

现在，你可以尝试用 sbit 去声明单片机的任一位 I/O 了！

1. 试试按表2-1提示声明并编程，点亮接于 P0.0 的 LED 吧！

表 2 - 1　点亮一个 LED

点亮接于 P0.0 的 LED 灯			
画出接口电路：	点亮方法（后面打"√"）	送1□　送0□	
	熄灭方法（后面打"√"）	送1□　送0□	
应用"sbit"语句将这个 LED 进行声明，名称为 LED00			
补充点亮这个 LED 的语句	#include<reg52.h>　//包含52系列单片机的头文件 ▢ ── 请声明接于 P0.0 的 LED，名称为LED00 void main( )　//主函数 { ▢ ── 写出点亮LED00的语句 while(1);　//死循环 }		
应用 Keil 软件编译程序，并用开发板验证程序的正确性	结果（如不正确，写明问题及解决办法）：		

2．思考：若要同时点亮接于 P1.0、P1.3、P1.5、P1.7 这 4 个 LED，你会修改上面的程序实现吗？试用 XL400 单片机开发板进行验证。

四、识读程序 2

（1）源程序，如图 2-8 所示。

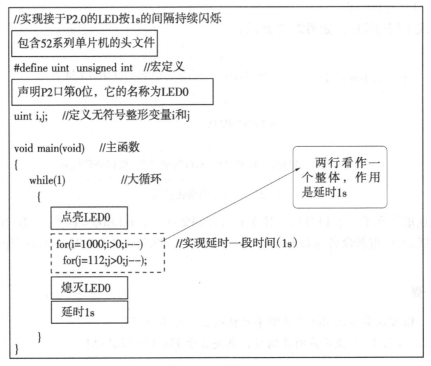

图 2-8　源程序 2

（2）注解。

◆ while 语句的使用

①while 的形式。while 一般有两种形式。

形式1：

```
while(判断条件)
{
    执行语句
}
```

语句执行过程：先进行判断，再运行执行语句。执行语句运行完毕，自动返回继续判断 while 括号中的条件是否成立，若成立，则继续运行执行语句；不成立，则退出循环。

形式2：

```
do
{
    执行语句
}
while(判断条件)
```

while语句的使用

语句执行过程：先运行执行语句，再进行 while 条件判断，如果符合条件，则返回继续执行 do 后的执行语句，由此形成循环。

②原则：若判断条件不为 0（0 为假），即为真（符合条件），如 1、2、3 都是真。

"while(1) {执行语句}"表示判断条件一直为 1（为真），所以程序一直在这个循环中重复执行。

③大括号内的"执行语句"可以为空，如"while(1){}"，这时，大括号里什么也没有，可以连大括号也不写，而直接写成"while(1);"，即"while(1){}"相当于"while(1);"。

④"判断条件"可以是一个常数、一个运算式或一个带返回值的函数。

◆ #define 宏定义

①格式：如图 2-9 所示。

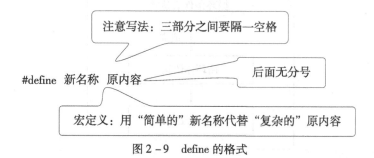

图 2-9 define 的格式

②#define 命令用它后面的第一个字母组合（也可以是字母、数字组合）代替该字母组合后面的所有内容，也就是相当于我们给"原内容"重新起一个比较简单的"新名称"，方便以后在程序中直接写简短的新名称，而不必每次都写繁琐的原内容。

③使用宏定义，用 uint 代替 unsigned int。

写法：#define uint unsigned int

这样定义后，当我们需要定义 unsigned int 型（无符号整型）变量时，例如定义无符号整型变量 i 时就没有必要写"unsigned int i"了，只需写"uint i"就行了。在一段程序代码中，只要宏定义过一次，那么在整个程序段都可以直接使用它的"新名称"。

注意：对同一个内容，宏定义只能定义一次，若定义两次，将会出现重复定义的错误提示。

◆ for 语句及简单延时语句

①格式：如图 2 - 10 所示。

for语句的使用

> 注意，三个表达式之间必须用分号隔开

```
for(初始设定表达式；循环条件表达式；更新表达式)
{
    循环体语句（内部也可以为空）
}
```

图 2 - 10   for 语句的格式

②执行过程：如图 2 - 11 所示。

第一步：计算初始设定表达式。

第二步：计算循环条件表达式。若表达式条件成立，则执行 for 循环体语句；若表达式条件不成立，则不进入 for 循环体语句，继续执行 for 语句下面的程序语句。

第三步：计算更新表达式。

第四步：转回上面第二步继续执行。

第五步：循环结束，执行 for 语句下面的程序语句。

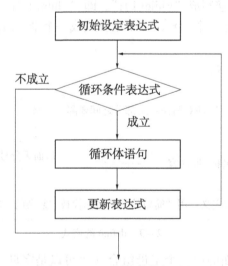

图 2 - 11   for 语句的执行过程

综上：初始设定表达式总是一个赋值语句，它用来给循环控制变量赋初值；循环条件表达式是一个关系表达式，它决定何种情况退出循环；更新表达式是在每循环一次后对初始设定表达式的变量值进行更新，当更新后的值使循环条件表达式不成立时，则退出循环语句继续往下执行。

③应用 for 语句实现延时。

利用 for 语句和 while 语句都可以写出简单的延时语句，下面就用 for 语句来写一个简单的延时语句，进一步说明 for 语句的用法。

```
unsigned int i;
for(i = 2; i > 0; i -- );
```

上面这两句，首先定义一个无符号整型变量 i，然后执行 for 语句，"初始设定表达式"是给 i 赋一个初值 2，"循环条件表达式"是判断 i > 0 是真还是假，"更新表达式"是 i 自减 1。执行过程为：

第一步：先给 i 赋初值 2，此时 i = 2。

第二步：因为 2 > 0，条件成立，所以其值为真，那么执行一次 for 中的语句，因为 for 内部语句为空，即什么也不执行。

第三步：i 自减 1，即 i = 2 - 1 = 1。

第四步：跳到第二步，因为 1 > 0 条件成立，所以其值为真，那么执行一次 for 中的语句，因为 for 内部语句为空，即什么也不执行。

第五步：i 自减 1，即 i = 1 - 1 = 0。

第六步：跳到第二步，因为 0 > 0 条件不成立，所以其值为假，那么结束 for 语句，直接跳出。

通过以上六步，这个 for 语句就执行完了，单片机在执行这个 for 语句的时候是需要时间的，上面 i 的初值比较小，所以执行的步数就少，当给 i 赋的初值越大，它执行所需的时间就越长，因此我们可以利用单片机执行这个 for 语句作为一个简单延时语句。

做一做

1. 根据图 2 - 12 的提示修改你的"实现接于 P0.0 的 LED 点亮"的程序，使这个灯闪烁起来。

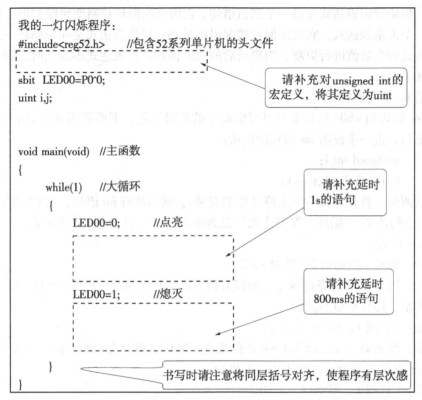

图 2 - 12　添加延时功能使接于 P0.0 的 LED 闪烁

2. 修改程序并观察：

$$for(i=1000;i>0;i--)$$
$$for(j=112;j>0;j--);$$
与
$$for(i=1000;i>0;i--);$$
$$for(j=112;j>0;j--);$$
延时时间一样吗？

五、"一灯闪烁"程序的优化

1. 将 for 嵌套语句写成不带参数的子函数

图 1 - 32 的程序中，在 "LED0" 点亮与熄灭之后，是两个完全相同的 for 嵌套语句：

$$for(i=1000;i>0;i--)$$　　　　　　//延时一段时间（1s）
$$for(j=112;j>0;j--);$$

在 C 语言中，若有一些语句不止一次用到，且语句内容都相同，则可以将这些语句写成一个不带参数的子函数，在主函数或其他函数中需要用到这些子函数时，直接调用即可。

不带参数的子函数的写法说明如图 2 - 13 所示。

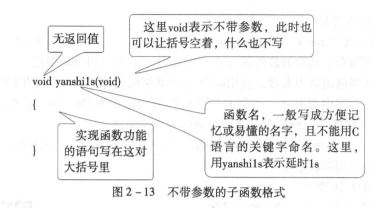

无返回值不带参数子函数的写法及调用

图2-13 不带参数的子函数格式

示例：延时1s的子函数

```
void yanshi1s(void)              //  延时1s的子函数
{
    uint i,j;                    //  定义i,j为无符号整型变量
    for(i = 1000;i > 0;i--)       //  实现延时
    for(j = 112;j > 0;j--);
}
```

2. 应用实例

例程2-1 以调用"不带参数的延时子函数"的方式，实现接在P1.0的LED按间隔500ms持续闪烁。程序的组建方法如图2-14所示。

```
//实现一灯按500ms的间隔闪烁
  包含52系列单片机的头文件

#define uint  unsigned int   //宏定义,用uint代替unsigned int
  声明P1口第0位，名称为led

void yanshi500ms(void)       //延时子函数,延时500ms
{
    uint i,j;                //定义i,j为无符号整型变量
    for(i=500;i>0;i--)       //i=500即延时500ms
     for(j=112;j>0;j--);
}
void main(void)              // 主函数
{
    while(1)                 //大循环
    {
     led=0;                  //点亮led
     yanshi500ms( );         // 调用延时500ms子函数

      熄灭led

      调用延时500ms子函数

    }
}
```

调用时只写函数名、空括号，并以分号结束

优化效果：主函数简单了，可读性较强

图2-14 例程2-1程序的组建方法

◆ 全局变量与局部变量

①例程 2 - 1 中，将"uint i，j；"语句放到了子函数中，像这样定义在子函数内部的变量叫局部变量；而写在主函数的最外面（在声明部分）的变量叫全局变量。

②局部变量只在当前函数中有效，使用时会占用单片机内部 RAM，不用时则不占用；而全局变量则在整个程序中都有效，占据着单片机内部固定的 RAM。为节省单片机内部 RAM 空间，编程时应坚持能用局部变量就不用全局变量的原则。

例程 2 - 2 以调用"带参数的延时子函数"的方式，实现接在 P1.0 的 LED 按亮 800ms，灭 300ms 的规律持续闪烁。

◆ 带参数函数的写法说明

将 for 嵌套语句写成带一个参数 t 的子函数。

①写法，如图 2 - 15 所示。

无返回值带参数子函数的写法及调用

```
void yanshims(uint t)            //延时子函数
{
    uint i, j;                   //定义 i, j 为无符号整型变量
      for(i =t;i >0;i-- )         //i = t 即延时 tms
       for(j =112;j >0;j-- );
}
```

图 2 - 15　带参数的子函数写法示例

②函数说明，如图 2 - 16 所示。

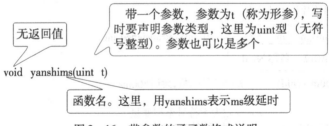

无返回值

带一个参数，参数为 t（称为形参），写时要声明参数类型，这里为 uint 型（无符号整型）。参数也可以是多个

void　yanshims(uint　t)

函数名。这里，用 yanshims 表示 ms 级延时

图 2 - 16　带参数的子函数格式说明

③调用方法示例。

调用这类函数时，需用一个具体的数据（称实参）代替该"参数"。

例：调用 yanshims 函数实现延时 200ms，写成"yanshims(200)；"，

调用 yanshims 函数实现延时 500ms，写成"yanshims(500)；"。

④程序。

例程 2 - 2 程序的组建方法如图 2 - 17 所示。

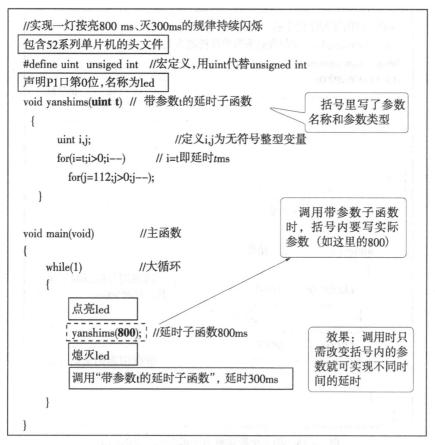

图2-17 例程2-2程序的组建方法

 做一做

试将"实现延时功能的语句"修改成一个带参数的延时子函数，函数名自定，对你前面的程序进行优化，完成图2-18的程序。

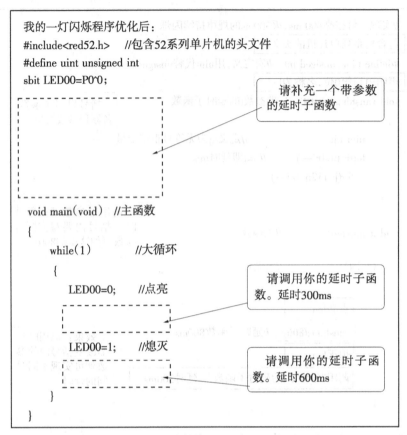

图 2-18　用一个带参数的子函数实现延时功能

图 2-19 是关于延时子函数的小结与说明。

延时子函数小结

● 你发现了吗？带参数的延时子函数在不改变子函数本身的前提下，调用时通过改变括号内的参数（我们称为实参）就可以得到不同时间的延时，的确比不带参数的延时子函数方便许多。其实延时子函数的写法还有很多，如果你有兴趣，可以上网找找哦！这里，我们写的是一种常用的毫秒级延时子函数。

● 为方便学习与掌握，以后，我们要用到这种毫秒级延时功能时，可直接调用这个延时子函数！

```
void yanshims(uint t )
{
    uint i,j;
    for(i=t; i>0; i--)
        for(j=112;j>0;j--);
}
```

毫秒级延时子函数，暂时简称"延时子函数"吧！

图 2-19　延时子函数小结与说明

六、总线操作法及应用

当想实现对同一个 I/O 口的多位同时进行操作时，比如，同时点亮接于 P0.0、P0.2、P0.4、P0.6 的 LED，或使它们闪烁，那么，用前面的方法，要先分别对这些位进行声明，再分别给这些位进行赋值操作，写程序时，显然过程比较繁琐，此时，用总线操作法会方便很多。

1. 总线操作法

前面，我们用"sbit led=P1^0;"这样的语句定义 I/O 口的某一位，这是位操作法，这种方法每次只能操作 I/O 口的一位，若要对 8 个 LED 进行控制，就要声明 8 位 I/O 口，然后在主程序中分别写对这些 I/O 口进行操作/控制的语句。显然，这种写法比较麻烦。使用总线操作法则每次能同时操作 I/O 口的 8 位。

（1）总线操作法的写法。

以控制 P0 口的 8 个 LED 为例，写法如图 2 - 20 所示。

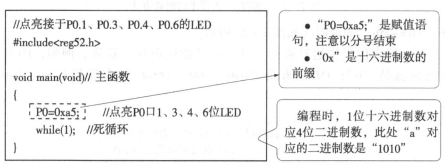

图 2 - 20 用总线操作法点亮 P0 口 4 个 LED

（2）说明：

"P0 =0xa5;"就是对单片机 P0 口的 8 位同时进行操作。

"0x"是十六进制数的前缀，表示后面的数据是以十六进制形式表示的。十六进制的"a5"，转换成二进制数是"1010 0101"，对应的 LED 是 P0.1、P0.3、P0.4、P0.6 亮（以后简称这些位的灯编号为 1、3、4、6），P0.0、P0.2、P0.5、P0.7 灭（以后简称这些位的灯编号为 0、2、5、7）。

2. 应用实例

例程 2 - 3 用总线操作法实现 P0 口的 8 个 LED 按 500ms 的间隔持续闪烁。程序的组建方法如图 2 - 21 所示。

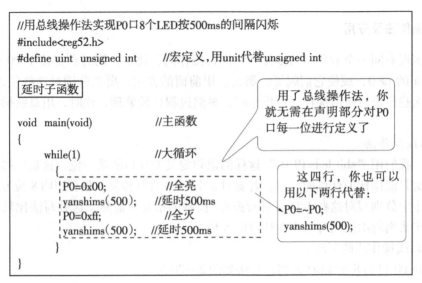

图 2 – 21　例程 2 – 3 程序的组建方法

关于 "P0=~P0;" 的说明（如图 2 – 22 所示）：

"~" 是 C 语言位操作运算符的一种，叫 "按位取反" 运算。例如，P0.0 原来是 "1"，取反后就是 "0"；P0 原来是 "0x00（0000 0000）" 取反后就是 "0xff（1111 1111）"。

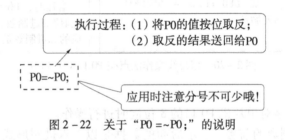

图 2 – 22　关于 "P0 =~P0;" 的说明

 做一做

试用总线操作法编程，使接于 P1.0、P1.3、P1.5、P1.7 的 4 个 LED 按 "亮 500ms，灭 200ms" 的规律持续闪烁。请补充图 2 – 23 的程序，并用 XL400 单片机开发板进行验证。

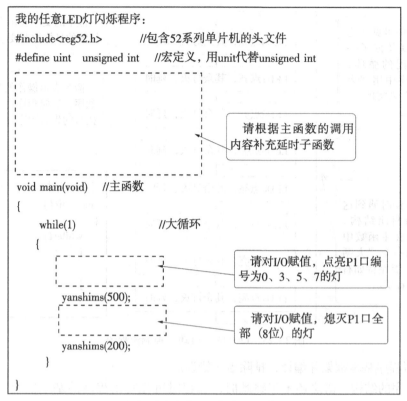

图 2-23 应用总线操作法实现任意 LED 灯闪烁效果

七、实现 LED 灯流动效果

如图 2-24 所示是由 8 个 LED 灯组成的"一"字形图案。图中灰色表示 LED 灭的状态，白色表示 LED 亮的状态。现在，我们想实现该图案中各 LED 从 LED0 至 LED7 方向逐个点亮、熄灭，再循环，看起来就像一个"亮点"在流动一样。

图 2-24 8 个 LED 组成的"一"字形图案

假设 LED0 ~ LED7 分别接到单片机的 P0.0 ~ P0.7。我们可以按下面的步骤去实现它。

（1）画控制流程图（用图形和箭头表示控制过程，也称程序流程图）。

上面的文字描述的控制过程可以用图 2-25 的流程图来表示。

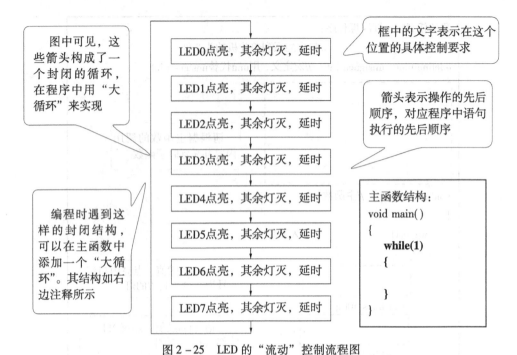

图2-25 LED的"流动"控制流程图

（2）写程序基本框架并编译，排除语法错误。

当对程序的结构、语法还不很熟悉时，编程时可先写出程序的基本框架（包括头文件、宏定义、主函数、用到的延时子函数等），再根据控制要求逐步进行填充、调试。图2-26是程序的基本框架。

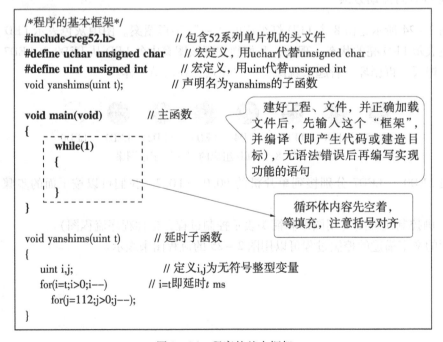

图2-26 程序的基本框架

为方便阅读，后面的程序组建中，我们将对一些固定的语句组合或功能用方框表示（简写），图2-27是对程序基本框架声明部分简写的说明。

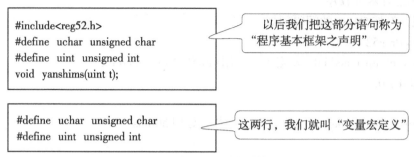

图2-27 程序基本框架声明部分简写说明

（3）根据程序流程图，填充主函数。

这里是要填充主函数中大循环的内容，使其实现流程图中"一个亮点流动"的效果。可以按流程图的顺序，用"依次给P0口送数，延时"、循环的方法实现，也可以用逻辑运算实现，或用左移指令实现，或用C51库自带的函数来实现。这里，我们先用"依次给P0口送数，延时"、循环的方法实现！

例程2-4 用"送数、延时法"实现流动效果。程序的组建方法如图2-28所示。

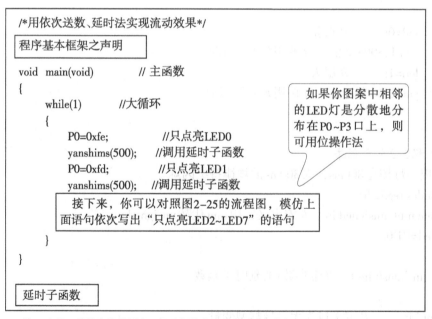

注：这是一种最直接的写法，但重复较多，程序可读性较差。

图2-28 例程2-4程序的组建方法

 做一做

1. 创建一个C源文件，输入程序基本框架，并编译，排除语法错误。

2. 在主函数大循环里，根据图2-25的流程写出对应语句，并调试、观察程序运行结果。

认知拓展　各例程参考程序

1. 例程2-1参考程序

```c
// 实现一灯按500ms的间隔闪烁
#include<reg52.h>
#define uint unsigned int    // 宏定义，用uint代替unsigned int
sbit led=P1^0;

void yanshi500ms(void)        // 延时子函数，延时500ms
{
    uint i,j;              // 定义i,j为无符号整型变量
    for(i=500;i>0;i--)           // i=500即延时500ms
        for(j=112;j>0;j--);
}

void main(void)          // 主函数
{
    while(1)          // 大循环
      {
        led=0;       // 点亮
        yanshi500ms( );    // 调用延时子函数
        led=1;       // 熄灭
        yanshi500ms( );    // 调用延时子函数
      }
}
```

2. 例程2-2参考程序

```c
// 实现一灯按亮800ms，灭300ms的规律持续闪烁
#include<reg52.h>
#define uint unsigned int    // 宏定义，用uint代替unsigned int
sbit led=P1^0;

void yanshims(uint t)    // 带参数t的延时子函数
{
    uint i,j;          // 定义i,j为无符号整型变量
    for(i=t;i>0;i--)     // i=t即延时tms
        for(j=112;j>0;j--);
}

void main(void)          // 主函数
{
```

```
    while(1)        // 大循环
    {
            led=0;        // 点亮
            yanshims(800 );      // 延时子函数 800ms
            led=1;        // 熄灭
            yanshims(300 );    // 延时子函数 300ms
    }
}
```

3. 例程2-3参考程序

```
// 用总线操作法实现 P0 口 8 个 LED 按 500ms 的间隔闪烁
#include<reg52.h>
#define uint  unsigned int   // 宏定义，用 uint 代替 unsigned int

void  yanshims(uint t)      // 带参数 t 的延时子函数
{
    uint i,j;              // 定义 i,j 为无符号整型变量
    for(i=t;i>0;i--)        // i=t 即延时 tms
        for(j=112;j>0;j--);
}

void  main(void)        // 主函数
{
    while(1)        // 大循环
    {
        P0=0x00;        // 全亮
        yanshims(500 );    // 延时 500ms
        P0=0xff;        // 全灭
        yanshims(500 );    // 延时 500ms
    }
}
```

4. 例程2-4参考程序

```
/* 用依次送数、延时法实现流动效果 */
#include<reg52.h>        // 包含 52 系列单片机的头文件
#define uchar unsigned char   // 宏定义，用 uchar 代替 unsigned char
#define  uint  unsigned int   // 宏定义，用 uint 代替 unsigned int
void  yanshims(uint t);      // 声明延时子函数

void  main(void)        // 主函数
{
    while(1)        // 大循环
```

```
    {
        P0=0xfe;        // 只点亮LED0
        yanshims(500);  // 调用延时子函数
        P0=0xfd;        // 只点亮LED1
        yanshims(500);  // 调用延时子函数
        P0=0xfb;        // 只点亮LED2
        yanshims(500);  // 调用延时子函数
        P0=0xf7;        // 只点亮LED3
        yanshims(500);  // 调用延时子函数
        P0=0xef;        // 只点亮LED4
        yanshims(500);  // 调用延时子函数
        P0=0xdf;        // 只点亮LED5
        yanshims(500);  // 调用延时子函数
        P0=0xbf;        // 只点亮LED6
        yanshims(500);  // 调用延时子函数
        P0=0x7f;        // 只点亮LED7
        yanshims(500);  // 调用延时子函数
    }
}

void yanshims(uint t)        // 延时子函数
{
    uint i,j;                // 定义i,j为无符号整型变量
    for(i=t;i>0;i--)         // i=t即延时t ms
        for(j=112;j>0;j--);
}
```

【设计】

一、硬件设计

(1) 在 XL400 的 4 个 I/O 口（P0～P3 口）的 LED 中，选择 1 个 I/O 口的 8 位 LED，或任意选择 8 位 LED 构成一个"一"字形流水灯。把你的流水灯的信息填在表 2-2 中。

表 2-2 我的流水灯信息（即 I/O 分配表）

LED 灯名称	接于单片机的 I/O 名称	LED 灯名称	接于单片机的 I/O 名称

（2）模仿图 1 - 22 所示"LED 与单片机的接口电路"，画出你的流水灯与单片机的接口电路。

（3）模仿图 1 - 14"LED 灯控制系统的结构框图"，画出你的流水灯系统结构框图。画在表 2 - 3 中。

表 2 - 3 我的流水灯系统结构框图

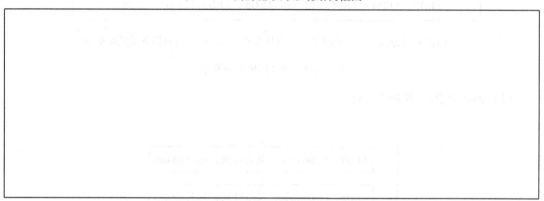

二、流水灯控制方案选择/设计

设计你的流水灯的控制方案，可以从表 2 - 4 中选择一种流动方案，在□中打"√"，也可自行设计，在"其他"后面描述你的流水灯控制方案。

表 2 - 4 我的流水灯控制方案

流动方案（注："从左到右"流动是指从 I/O"高位到低位"流动）	
1 个亮点从左到右循环流动□	1 个暗点从左到右循环流动□
1 个亮点从右到左循环流动□	1 个暗点从右到左循环流动□
其他：	

【制作】

一、程序编制

1. 程序组建过程（见图 2 - 29）

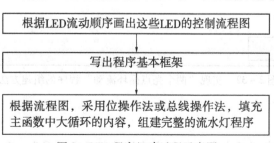

图 2 - 29 程序组建过程示意图

2. 程序组建示例

图 2 - 30 是流水灯的控制要求。

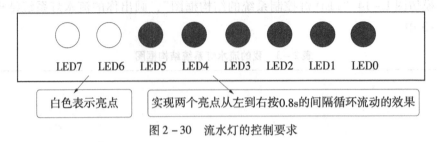

图 2 - 30　流水灯的控制要求

（1）画流程图（见图 2 - 31）。

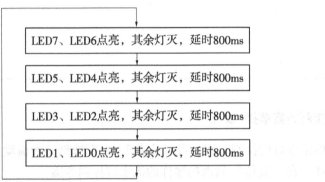

图 2 - 31　两个亮点循环流动流程图

（2）写程序框架（略）。

（3）程序组建方法（见图 2 - 32）。

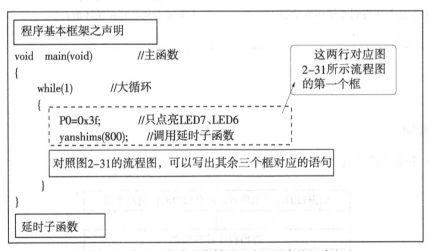

图 2 - 32　实现"两个亮点循环流动"程序的组建方法

 做一做

1. 你能修改示例中"两个亮点循环流动"的程序实现图 2 - 33 要求的流动效果吗？

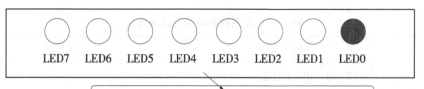

实现一个暗点从右到左按0.3s的间隔循环流动的效果

图2-33 "一个暗点流动"的流水灯控制要求

2. 编制你的设计方案对应的程序,记录在表2-5中。

表2-5 我的流水灯程序编制

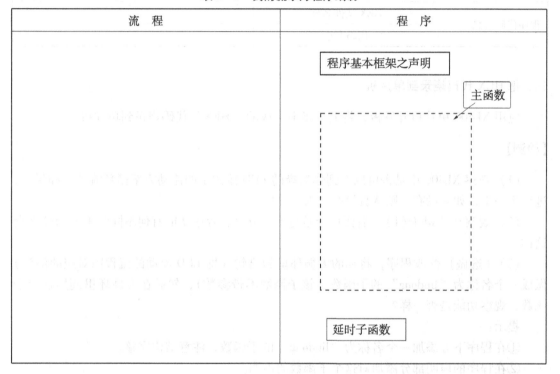

二、输入程序,生成 HEX 代码

(1) 建立工程、源程序文件,添加源程序文件到工程,建造目标,并将你的工程信息记录在表2-6中。

表2-6 我的工程信息

工程名称	
保存路径	
源文件名称	

(2) 在程序编辑区输入你的流水灯的程序,排除并记录你在编译过程中出现的错误。顺利编译后,记下你的程序代码信息,填写在表2-7中。

表2-7 我遇到的问题及解决方法

	问题类型	解决方法
所遇问题及解决方法（在□内打"√"）	"O"与"0"不分□ "字母1"与"数字1"不分□ 字母大小写不分□ 符号写错、写漏□ 括号写错、写漏□ 变量名、函数名前后不一致□	
程序代码信息	HEX 文件名称	
	代码大小	

三、把 HEX 代码烧录到单片机

应用 XL400 单片机开发板，将上一步中生成的"HEX"代码烧录到单片机。

【检测】

（1）观察 XL400 中是否可以看到你选择的 LED 按预定的流动方案循环流动。如果是，进行下一步，如果没有，则认真检查原因，并修正。

（2）观察在"while（1）"后面加分号与不加分号，程序功能有何不同？思考为什么会这样？

（3）（选做）修改程序，将你的大循环里的语句（即 LED 流动的流程图对应的语句）做成一个名称为"liudong"的子函数（该子函数不带参数），然后在大循环里调用这个子函数，观察功能是否一样？

提示：

①在程序下方添加一个名称为"liudong"的子函数，注意结构完整。

②在程序的声明部分添加对这个子函数的声明。

③将大循环内的语句剪切到"liudong"子函数的大括号内粘贴。

④在大循环内调用"liudong"子函数。

【评估】

一、自我评价（40分）

由学生根据学习任务的完成情况进行自我评价，评分值记录于表2-8中。

表2-8 自我评价表

项目内容	配分	评分标准	扣分	得分
1. 认知	30分	(1) C语言程序的基本结构叙述缺漏,酌情扣1~2分; (2) 补充程序时,sbit格式错误,扣3分; (3) for语句使用时格式错误,每次扣2~3分; (4) while语句使用时格式错误,每次扣2~3分; (5) 创建子函数时格式错误,每次扣2~3分; (6) 调用子函数时出现语法错误,每次扣1~2分; (7) 根据流程图写语句出错,每处扣1~2分		
2. 设计	20分	(1) 流水灯系统I/O分配表填写,错一处扣1分; (2) 画流水灯与单片机的接口电路,错一处扣1分; (3) 画流水灯系统结构框图,错一处扣1分; (4) 没有选择或设计流水灯的流动方案,扣5分		
3. 制作	20分	(1) 画流水灯控制流程图,与"方案"不对应,一处扣1分; (2) Keil软件应用不熟练,操作过程(建工程、文件,保存、添加文件到工程等)出错,每处(次)扣1分; (3) 不能独立排除程序编译过程出现的语法错误,酌情扣3~5分; (4) 运用XL400将HEX代码烧录到单片机过程出错(如按钮位置设置、打开文件错等),每处(次)扣1分		
4. 检测	10分	(1) 主函数名称写错,导致程序无功能,扣3分; (2) 由于不细心,将给定的延时语句写错(如i、j或分号错),导致程序功能错,每处扣1分; (3) 调用子函数时,因函数名称写错,导致程序无功能或功能错,每处扣1~2分		
5. 安全、文明操作	20分	(1) 违反操作规程,产生不安全因素,可酌情扣7~10分; (2) 着装不规范,可酌情扣3~5分; (3) 迟到、早退、工作场地不清洁每次扣1~2分		
总评分 = (1~5项总分) ×40%				

二、小组评价 (30分)

由同一学习小组的同学结合自评的情况进行互评,将评分值记录于表2-9中。

表2-9 小组评价表

项目内容	配 分	得 分
1. 学习记录与自我评价情况	20分	
2. 对实训室规章制度的学习和掌握情况	20分	
3. 相互帮助与协作能力	20分	
4. 安全、质量意识与责任心	20分	
5. 能否主动参与整理工具与场地清洁	20分	
总评分 = (1~5项总分) ×30%		

三、教师评价（30分）

由指导教师根据自评和互评的结果进行综合评价，并将评价意见和评分值记录于表 2-10 中。

表 2-10　教师评价表

教师总体评价意见：	
教师评分（30分）	
总评分 = 自我评分 + 小组评分 + 教师评分	

参加评价的教师签名：

年　　月　　日

【课外作业】

（1）查阅 AT89S52 单片机的数据手册，看看它的晶振电路对晶振和电容有何要求？如果你要选配晶振电路的元件，你会怎样选择？

（2）请根据图 2-34 所示某子函数的流程图写一个名称为"deng"的不带参数的子函数，图中 1~8 分别代表接于 P00~P07 的 LED，假设各种状态的时间间隔为 800ms，通过调用延时子函数"yanshims(800);"实现延时。

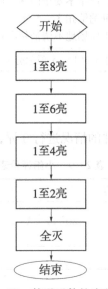

图 2-34　某子函数的流程图

学习情境3 制作一个创意广告灯

【学习情境描述】

前面，你已经对单片机及其外围元件有了一定的认识，同时，也尝试了编制简单的程序去控制你想操作的 LED，实现闪烁、流动的效果，现在，李工安排你和小 A、小 B、小 C 4 人组成一个团队，模仿范例在万能板上制作一个 LED 创意广告灯，要求设计广告灯图案，提出广告灯的控制方案，制作硬件，并用 AT89S52 单片机实现广告灯的预期效果，从而了解产品设计的一般步骤和进一步熟悉 C 语言基本语法、结构及单片机 I/O 的读写方法。图 3－1 是一个用单片机控制的广告灯，图中展示了我们可能用到的元件及其连接方法。

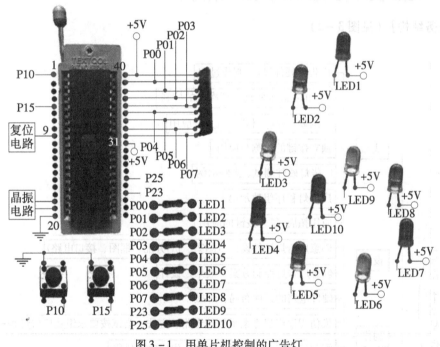

图 3－1 用单片机控制的广告灯

【学习目标】

一、知识目标

（1）模仿范例能正确画出自己的创意广告灯的结构框图。

（2）能正确判断本任务广告灯系统中单片机引脚 EA 应接的电平（高电平或低电平）。

（3）应用 while 或 for 语句实现有限次循环时，能正确设置所需的循环次数。

（4）对照库函数"_crol_"或"_cror_"的格式，能解决该函数在应用中出现的语法问题。

    （5）能根据独立按键的检测流程图写出对应的子函数。

二、技能目标

    （1）具备合理设计广告灯的图案、将单片机 I/O 合理分配的技能。

    （2）具备选择或设计广告灯各功能模块的原理电路、画出广告灯硬件电路的技能。

    （3）具备制作广告灯硬件电路并对硬件电路进行测试、检修的技能。

    （4）具备合理设计并描述广告灯功能的技能。

    （5）具备正确编程并综合调试，实现广告灯预期效果的技能。

三、情感态度与职业素养目标

    （1）能注意着装规范，按时出勤。

    （2）有安全意识，工具使用、摆放规范。

    （3）有创新意识，能与组员较好沟通、合作。

【学习任务结构】（见图 3-2）

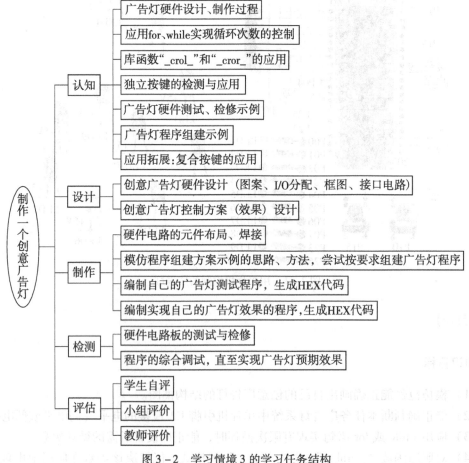

图 3-2　学习情境 3 的学习任务结构

【认知】

一、元件识读

（1）按键（见图 3 - 3）。

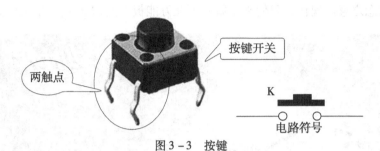

图 3 - 3　按键

（2）排阻（见图 3 - 4）。

图 3 - 4　排阻

（3）DC 电源插座（见图 3 - 5）。

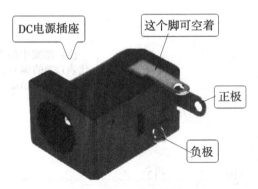

图 3 - 5　DC 电源插座

（4）40 脚 IC 座（见图 3 - 6）。

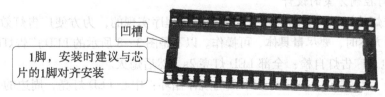

图 3 - 6　40 脚 IC 座

二、广告灯硬件制作示例

某年中秋节前夕，公司设计部为某移动公司设计制作了一个 LED 广告灯，图案如图 3-7 所示。图中，左边"时钟"部分用 LED 灯来呈现：中心设计一个 LED 灯代表"月亮"，周边分布 12 个 LED 灯，代表 12 小时，体现月圆时刻，各地人们通过移动设备互相联系，表达思念之意。现在，我们来了解一下在万能板上制作这个广告灯的过程。

图 3-7　广告灯图案设计

1. 广告灯图案的设计

设计广告灯图案时，我们可以用圆圈表示 LED，并对各 LED 进行编号（方便后续讨论或说明）。这样，可将图 3-7 的图案简化成图 3-8 所示的图案，它由 13 个 LED 组成，编号为 1 至 13。

注：图案中的数字代表LED的编号，如数字2表示LED2

图 3-8　简化的广告灯图案

2. 广告灯控制方案的设计

由于广告灯的闪烁、流动等效果是由单片机程序实现的，为方便广告灯效果的程序实现，设计控制方案时，要尽量具体、可操作。以下是图 3-8 所示的 LED 广告灯的控制方案。

（1）上电，广告灯自检：全部 LED 灯亮 2s，然后熄灭。

（2）按下启动键 K1，LED 灯按下面的规律循环：中心 LED 灯亮，周边的一个 LED 灯亮点按 500ms 的间隔流动一遍；接着，周边 LED 灯全灭，中心 LED 灯按 300ms 的间隔闪烁 5 次；然后，全部 LED 灯亮 1s。

（3）按下停止按键 K2，则全部灯全灭，需再次按启动按键 K1 才能重新按（2）的规律循环。

3. 单片机的 I/O 分配

分配 I/O 时需考虑以下问题：

（1）I/O 够用的情况下，尽量一个 LED 由一位 I/O 控制。

（2）结合控制要求，尽量使编程较方便。

（3）手工布局、布线时，还需考虑走线方便。

根据要求，本例用万能板手工制作，用 AT89S52 单片机实现功能。从图 1 - 10 中"AT89S52 单片机引脚和 I/O 分布"可以看到，该单片机共有 4 个 I/O 口，每个 I/O 口均有 8 位口线。

为使电路板美观，考虑将单片机放在电路板的左边，广告灯图案放置于电路板的右边，其他元件按功能能集中分布在单片机的周围，如图 3 - 9 所示。现共有 13 个 LED 灯，为便于连线，将 LED 灯分配到 P0 口和 P2 口中的 13 位进行控制。两个按键由 P1 口的两位进行检测。

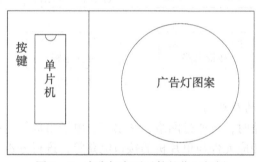

图 3 - 9 广告灯主要元件的位置规划

综上，可列出广告灯的 I/O 分配表，如表 3 - 1 所示。

表 3 - 1 广告灯的 I/O 分配表

	灯编号	分配到 I/O（位）	灯编号	分配到 I/O（位）
LED 灯	1	P0.0	8	P0.7
	2	P0.1	9	P2.3
	3	P0.2	10	P2.2
	4	P0.3	11	P2.1
	5	P0.4	12	P2.0
	6	P0.5	13	P2.4
	7	P0.6		
按键	K1	P1.0		
	K2	P1.5		
I/O 小计	15 位			

注：可以有不同的 I/O 分配方案，合理、方便就可以。

4．画广告灯系统的结构框图

本广告灯的控制部分可分为 LED 灯部分和按键部分，根据上图的 I/O 分配情况，加上单片机工作必须的电源、复位电路和晶振电路，可画出广告灯的结构框图。如图 3－10 所示，图中反映了系统共有 5 个功能模块，即电源电路、复位电路、晶振电路、LED 电路、按键电路，以及各模块与单片机的连接情况。

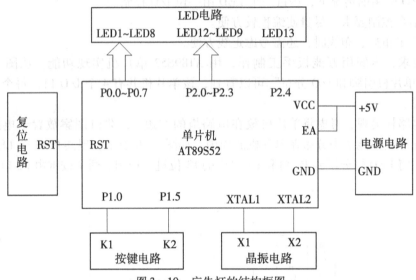

图 3－10　广告灯的结构框图

5．设计各功能模块的原理图

设计各功能模块电路时，可通过网络、图书馆、电子市场等途径，参考所用单片机芯片说明书、电子产品中相应元件与单片机的接口电路等，进行分析、选择或修改后使用。

（1）电源电路。

本例单片机和各功能模块均使用 5V 直流电源。

制作对电源要求不是特别高的小电子产品时，获得 5V 电源的途径通常有以下三种：

①直接购买 220V 交流输入、5V 直流输出的整流变压器产品，如普通的手机充电器等。

②接入电脑 USB 口。

③设计变压、整流、稳压电路，如图 3－11 所示是一种常用的电源电路。

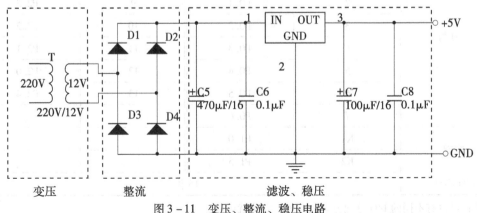

图 3－11　变压、整流、稳压电路

本例为方便调试，从电脑 USB 口取得 5V 直流电源，同时，在接入单片机电源端时，采用一个电容对电源进行滤波，如图 3 - 12 所示。

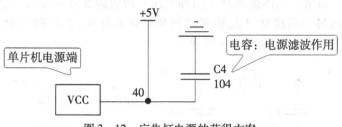

图 3 - 12 广告灯电源的获得方案

（2）复位电路。

①作用：使单片机 CPU 及各寄存器处于确定的初始状态，并从初始状态开始工作。

②复位方式：

a. 上电复位：在上电时，给单片机的复位引脚施加一个复位信号（一定宽度的脉冲电平），从而使单片机复位。

b. 按键复位：需要复位时，按一下复位按键再弹起，给单片机复位引脚施加复位信号。

c. 看门狗复位：单片机正常工作（在预期轨道内运行）时，每隔一定时间给看门狗提供一个喂狗信号（一般是脉冲信号，某些单片机有专用的喂狗指令）。一旦单片机工作不正常（如程序跑飞，偏离预期轨道），看门狗收不到喂狗信号，就会产生一个复位脉冲将单片机复位。

选择复位方式或电路参数时可根据具体单片机的数据手册，参考一些成功电路或开发板进行。

③本例复位电路。

由于本例是制作一个广告灯样品，为便于调试，采用按键复位电路，如图 3 - 11 所示。

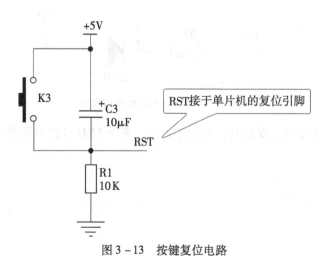

图 3 - 13 按键复位电路

（3）晶振电路。

①作用：为单片机提供工作所需的时钟信号。

②连接方法：通常，晶体振荡器（简称晶振）两引脚处分别接入一个 10pF～50pF 的瓷片电容，电容的另一端接地（起频率微调和稳频的作用），再接入单片机晶振接入端 XTAL1 和 XTAL2 就可以了，如图 3－14 所示。

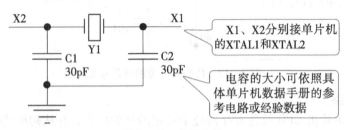

图 3－14　晶振电路

（4）LED 与单片机接口电路。

可以采用学习情境 1 和 2 中 LED 与单片机的连接方法，现在由于我们要在万能板上制作，为方便布局，将电阻挪到 LED 的负极，如图 3－15 所示（以 LED1 为例）。由于 LED 具有单向导电性，通过 5mA 左右电流就可发光，电流越大，亮度越强；但电流过大，会烧毁 LED，一般电流应控制在 3～20mA 之间，所以，电路中串接一个电阻 R1（称为限流电阻），作用就是限制流过 LED 的电流使其不会过大。这个电阻一般可取 200Ω～1KΩ，例如，当取 1KΩ 时，流过 LED 的电流为：

$$(5V-1.7V)/1000 = 3.3mA$$

若希望亮度强一些，则可减小电阻值，本例中采用 330 Ω 的电阻作为各 LED 的限流电阻。

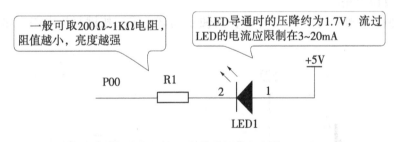

图 3－15　LED 与单片机接口电路

在万能板上手工布局、安装时，为便于走线，多个 LED 可以采用图 3－16 所示的方式安装。

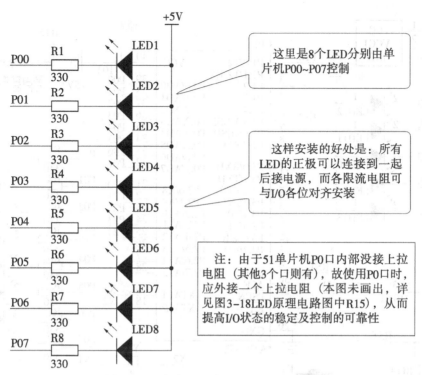

图 3 – 16 多个 LED 布局、安装方式说明

（5）按键与单片机接口电路。

按键与单片机的接口可用图 3 – 17 所示的电路，本例采用图 3 – 17a 的方式。

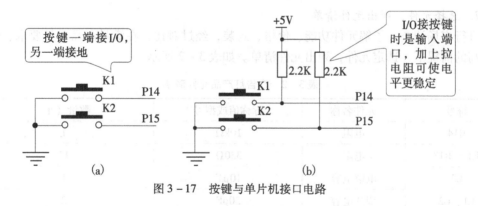

图 3 – 17 按键与单片机接口电路

6. 画广告灯系统原理图

根据各功能模块的原理图，结合广告灯系统结构框图，可以画出广告灯系统的原理电路图，如图 3 – 18 所示。

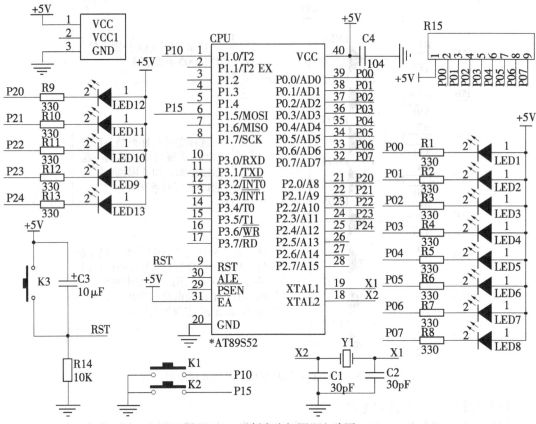

图 3-18 示例广告灯原理电路图

7. 选择元件，列出元件清单

进行市场调查，了解元件功能、价格、封装，经过对比，在满足产品质量要求、性价比较高的前提下，选定元件，列出元件清单。如表 3-2 所示。

表 3-2 广告灯产品元件清单

符号	元件名称	标称值或型号	数量（个）
R14	电阻	10kΩ	1
R1～R13	电阻	330Ω	13
C3	电解电容	10μF	1
C1、C2	瓷片电容	30pF	2
C4	瓷片电容	104	1
LED1～LED13	发光二极管	φ3（黄，红、绿）	黄1，红、绿各6个
Y1	晶振	12MHz	1
U1	CPU	AT89S52	1
K1、K2、K3	按键开关	6×6×5（mm）立式4脚	3
AD3	DC 电源插座	5.5～2.1mm	1
--	IC 座	DIP40	1

符号	元件名称	标称值或型号	数量（个）
--	万能板	150mm × 90mm	1
--	电源适配器	220V/5V	1（直接从电脑 USB 取电则不用）

列出清单后，可进一步估算产品成本。

8．制作电路板

（1）元件布局。

根据电路板大小，结合 LED 灯图案及元件数量，在电路板上做好布局。本例中，布局时，LED 灯数量是最多的，且要设计成"图案"，而控制核心是单片机，故先考虑 LED 灯图案和单片机位置，然后再考虑复位电路、晶振电路、按键、电源的位置。值得注意的是：复位电路和晶振电路安装时应尽量靠近单片机，以减小干扰。电源放置于方便接入的位置，按键放置于方便操作的位置。

本例广告灯产品的元件布局如图 3 – 19 所示。

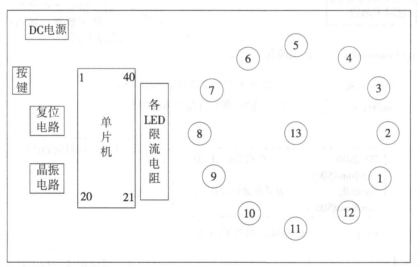

图 3 – 19　广告灯元件布局

（2）安装与焊接元件。

①将元件分类摆放。

②工具准备，如表 3 – 3 所示。

焊接的规范操作

表 3 – 3　工具清单

名称	数量	名称	数量
电烙铁	1 把	万用表	1 个
烙铁架	1 个	镊子	1 个
吸锡器	1 个	平口钳	1 把
焊锡	若干	松香	若干
光身线	若干		

③安装与焊接元件。

建议：规划好各元件位置后，电阻、IC座、DC电源插座贴板安装，其余同类元件高度一致，矮的元件先安装，焊接前要检查元件的安装（如大小、极性）是否正确。

三、怎样实现循环次数的控制

前面的例程中，把对LED控制的语句或函数放在主函数"while(1){ }"语句的大括号里，实现了灯"持续闪烁/流动"的效果。如果想让灯闪烁有限次，怎么办呢？下面介绍两种简单的办法。

方法一：用while语句实现。

例程3-1 用while语句实现循环次数的控制。程序的组建方法如图3-20所示。

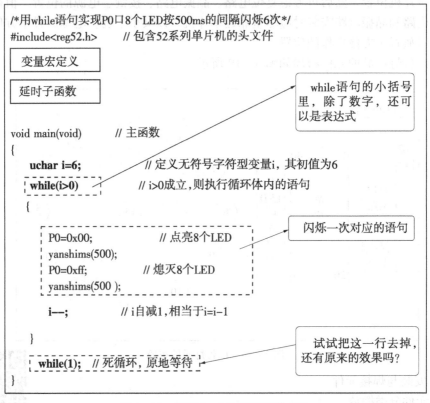

图3-20　例程3-1程序的组建方法

方法二：用for语句实现。

例程3-2 用for语句实现循环次数的控制。程序组建方法如图3-21所示。

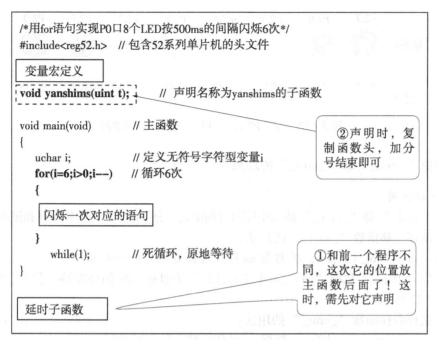

```
/*用for语句实现P0口8个LED按500ms的间隔闪烁6次*/
#include<reg52.h>   // 包含52系列单片机的头文件

  变量宏定义

void yanshims(uint t);     // 声明名称为yanshims的子函数

void main(void)        // 主函数
{
    uchar i;           // 定义无符号字符型变量i
    for(i=6;i>0;i--)   // 循环6次
    {
      闪烁一次对应的语句
    }
    while(1);          // 死循环，原地等待
}

  延时子函数
```

②声明时，复制函数头，加分号结束即可

①和前一个程序不同，这次它的位置放主函数后面了！这时，需先对它声明

图 3 – 21 例程 3 – 2 程序的组建方法

◆ 关于子函数的位置

从例程 3 – 1 和 3 – 2 可以看到，例程 3 – 1 将延时子函数放在主函数的前面；而例程 3 – 2 则将延时子函数放在主函数的后面，这两种方法都是可以的。

①在 C 语言中，子函数可以写在主函数的前面或后面，但不可以写在主函数里面。当写在主函数后面时，要先在主函数前对子函数进行声明。

②声明子函数的方法。

将子函数的第一行（包括返回值特性、函数名及参数类型）完全复制，粘贴在主函数的前面程序声明部分，并在该行最后加一个分号。

例：在主函数前面写上：

void yanshims(uint t);   //声明名称为 yanshims 的子函数，该子函数为无返回值，有参数型

void yanshi1s();   //声明名称为 yanshi1s 的子函数，该子函数为无返回值，无参数型

 做一做

你能尝试编制一个程序，实现 XL400 接于 P2 口的 LED 按图 3 – 22 的规律闪烁 8 次后全灭吗？（图中阴影表示该位 LED "灭"的状态；反之表示"亮"的状态），时间间隔 800ms。

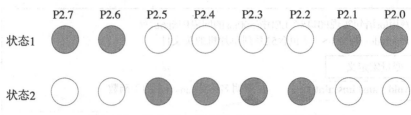

图 3 - 22　接于 P2 口的 LED 的闪烁规律示意图

四、库函数 "_crol_" 和 "_cror_" 的应用

1. 一些说明

（1）"_crol_" 和 "_cror_" 是 C51 库自带的函数，分别用来实现循环左移和循环右移。

（2）循环左移函数 "_crol_" 的用法：

写法：aa = _crol_(aa,b)；// 数据 aa 循环左移 b 位，再送回 aa。

例："aa = 0xfe；" 执行 "aa = _crol_(aa,1)；"（即将 0xfe 循环左移一位），其移位规律如图 3 - 23 所示。

（3）循环右移函数 "_cror_" 的用法：

写法：aa = _cror_(aa,b)；// 数据 aa 循环右移 b 位，再送回 aa。

例："aa = 0xfe；" 执行 "aa = _cror_(aa,1)；"（即将 0xfe 循环右移一位），其移位规律如图 3 - 24 所示。

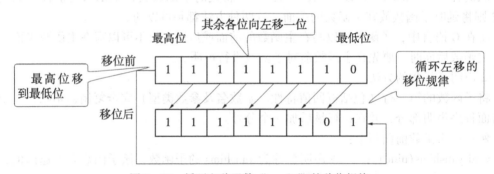

图 3 - 23　循环左移函数 "_crol_" 的移位规律

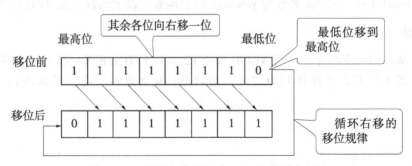

图 3 - 24　循环右移函数 "_cror_" 的移位规律

（4）应用 C51 库函数 "_crol_" "_cror_" 要注意的问题。

① "_crol_" "_cror_" "_nop_" 等函数均包含于头文件 intrins.h 中，应用这类函数

时，要将该函数的头文件 intrins. h 包含进来。

②头文件的写法。

#include < intrins. h >　　　　// 包含_crol_ 函数的头文件

2. 应用实例

例程 3 - 3　应用 C51 库函数 "_crol_ "（循环左移）实现 P0 口一个 LED 亮点向左循环流动效果。

（1）控制流程如图 3 - 25 所示。

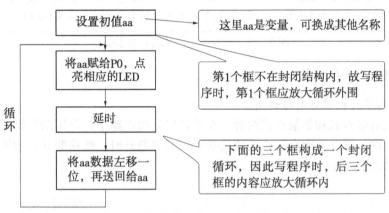

图 3 - 25　用 "_crol_ " 实现一个 LED 向左循环流动效果的流程

（2）程序组建方法，如图 3 - 26 所示。

```
/*用C51库函数实现流动效果*/
#include<reg52.h>              // 包含52系列单片机的头文件
#include<intrins.h>            // 包含_crol_函数的头文件
变量宏定义
声明延时子函数

void main( )                   // 主函数
    {
        uchar aa=0xfe;         // 定义无符号字符型变量aa,并赋初值0xfe(11111110)

        while(1)               // 大循环
          {
            P0=aa;             // aa的值赋P0,点亮LED
            yanshims(500);     // 延时500毫秒
            aa=_crol_(aa,1);   // 将aa循环左移1位后再赋给aa
          }
    }

延时子函数
```

对照图3-25的流程，可写出这些语句

图 3 - 26　例程 3 - 3 程序的组建方法

做一做

1. 尝试修改你学习情境 2 的流水灯程序，看是否可以应用"_crol_""_cror_"实现同样的功能。

2. 根据你目前的调试经验，试对图 3-27 所示的各项连线。

（1）想改变灯的流动方向	（a）可以改初始值（如改 0xfe 为 0xfc）
（2）想变亮点流动为暗点流动	（b）可以改"_crol_"为"_cror_"或反之
（3）想变 1 个亮点流动为 2 个亮点流动	（c）可以改初始值（如改 0xfe 为 0x01）

图 3-27　根据左边的控制要求连线

五、独立按键的应用与编程

1. 按键与单片机接口电路说明

按键开关有触点式和非触点式两种，在单片机外围电路中，常用的按键开关一般是由机械触点构成的，当开关闭合时，线路接通；当开关断开时，线路断开，如图 3-28 所示的 K1、K2 就属于这种。

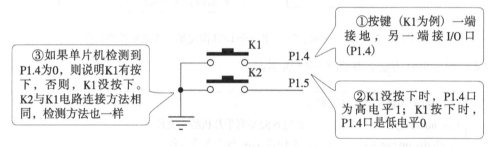

图 3-28　按键与单片机接口说明

2. 按键开关机械抖动的处理

（1）按键开关的抖动问题。

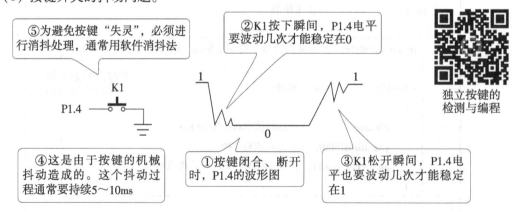

独立按键的检测与编程

图 3-29　按键开关的抖动问题

如图 3-29 所示，以 P1.4 检测开关 K1 为例，当开关 K1 未被按下时，P1.4 输入为高电平；K1 闭合后，P1.4 输入为低电平。由于按键是机械触点，当机械触点断开、闭合时，会有抖动，从图 3 – 29 右边 P1.4 输入端的波形可看出这一点。这种抖动对于人来说是感觉不到的，但对单片机来说，则是完全可以感应到的，因为单片机处理指令的速度是在微秒级，而机械抖动的时间至少是毫秒级（抖动时间的长短与按键的机械特性有关，一般为 5～10ms），对单片机而言，这已是一个"漫长"的时间了。若不处理，这样的抖动会导致按键有时灵，有时不灵。

（2）抖动的处理办法。

为使 CPU 能正确地读出 P1.4 口（对应 K1）的状态，对每一次按键操作只作一次响应，就必须考虑如何去除抖动，常用的去抖动的方法有两种：硬件消抖法（如专用的去抖动电路或去抖动芯片）和软件消抖法。单片机中常用软件消抖法。软件消抖法就是在单片机获得 P1.4 口为"低电平"（被按下）的信息后，不是立即认定 K1 已被按下，而是延时 5～10 毫秒或更长一些时间后再次检测 P1.4 口，如果仍为"低电平"，说明 K1 的确按下了，这实际上是避开了按键按下时的抖动时间。而在检测到按键释放后（P1.4 为高电平）再延时 5～10 毫秒，消除后沿的抖动，然后再对键值进行处理。不过，一般情况下，通常不对按键释放的后沿进行处理，实践证明，也能满足一定的要求。当然，实际应用中，对按键的要求也是千差万别，要根据不同的需要来编制处理程序，但以上是消除按键抖动的原则。

3. 独立按键检测流程（图 3 – 30）

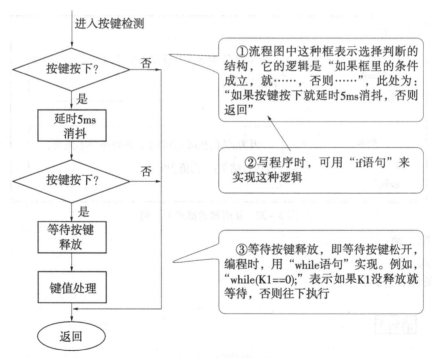

图 3 – 30 独立按键的检测流程

4. if 语句及其应用

if 语句是一种选择性结构语句，共有三种结构形式。

（1）第一种：

①格式。

if(条件表达式)
    {
        语句
    }

②执行过程：如图3-31所示。

if语句的使用

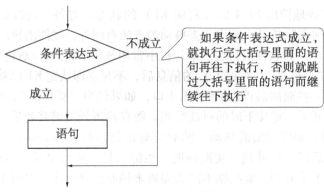

图3-31　if语句的结构1

③示例：如图3-32所示。

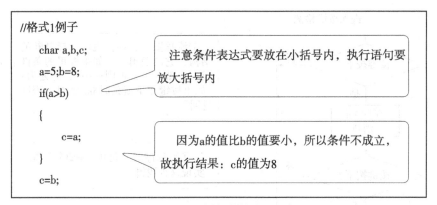

图3-32　if语句的格式1示例

（2）第二种：
①格式。
if（条件表达式）
    {
        语句1
    }
else
    {
        语句2
    }

②执行过程：如图3-33所示。

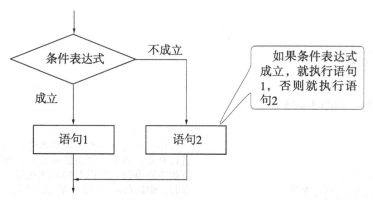

图 3-33 if 语句的结构 2

③ 示例：如图 3-34 所示。

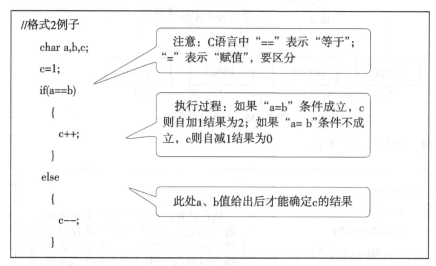

图 3-34 if 语句的格式 2 示例

（3）第三种：

① 格式。

```
if（条件表达式1）
  {
      语句1
  }
else if（条件表达式2）
  {
      语句2
  }
else if（条件表达式3）
  {
      语句3
  }
```

else
{

语句4

}

②执行过程：如图 3 – 35 所示。

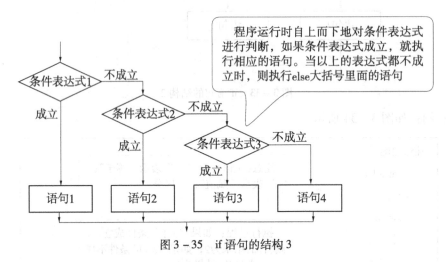

图 3 – 35　if 语句的结构 3

③示例：如图 3 – 36 所示。

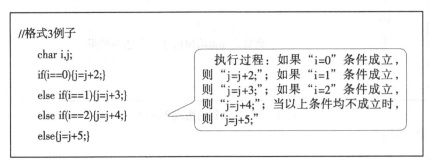

图 3 – 36　if 语句的格式 3 示例

5. 按键应用注意问题

（1）按下时，进行去抖动处理。

（2）通常要加按键释放检测，等按键确认释放后才去执行相应的代码。若不加按键释放检测，由于单片机执行代码的速度非常快，且是循环检测按键，当按下一个键时，单片机会在程序循环中多次检测到按键按下，从而造成错误的结果。

（3）图 3 – 30 是对应独立按键的检测流程，如检测 K1 是否按下时，可按图 3 – 37 所示的方式写。

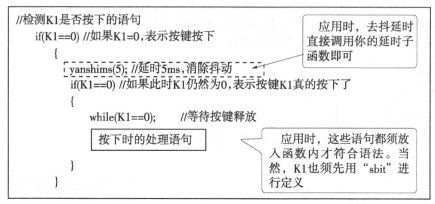

图 3 - 37　检测 K1 是否按下的语句

其中：

①语句 "yanshims(5)；" 是去抖动延时，使用时直接调用你的延时子函数即可。

②语句 "while(K1==0)；" 常常也写成 "while(!K1)；"，表示等待按键释放，若按键没有释放，则 K1 始终为 0，那么 "!K1" 就始终为 1，程序就一直停止在这个 while 语句处，直到按键释放，K1 变成了 1，"!K1" 变成了 0，才退出这个 while 语句。

6. 按键应用实例

例程 3 - 4 实现按键控制的闪烁灯。

（1）控制要求描述：

编制程序在 XL400 单片机开发板上实现下面的功能：

①上电，单片机 P0 口的 LED 全灭。

②按下按键 K1，单片机 P0 口 8 个 LED 按 600ms 的间隔持续闪烁。

（2）根据控制要求画主流程（初学编程最好做这一步），如图 3 - 38 所示。

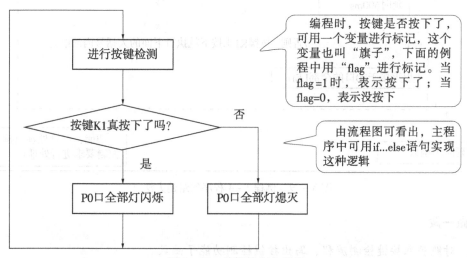

图 3 - 38　按键控制主流程

（3）写程序基本框架，并排除语法错误。

（4）根据主流程填充主函数，进行调试，直至满足功能要求。

（5）程序组建方法如图 3 - 39 所示。

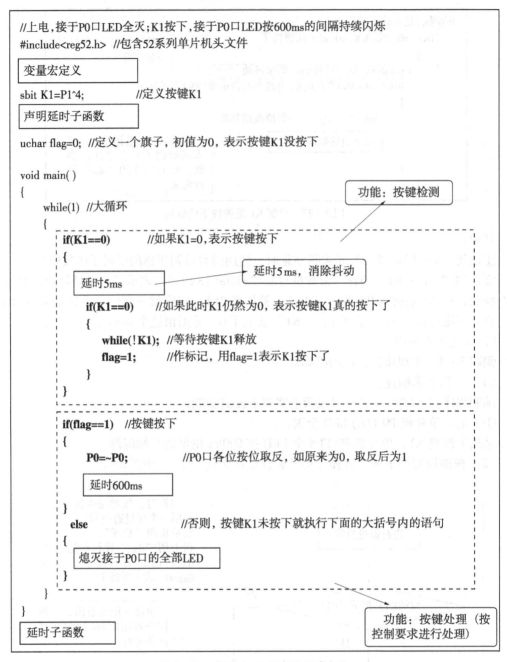

```
//上电，接于P0口LED全灭；K1按下，接于P0口LED按600ms的间隔持续闪烁
#include<reg52.h>    //包含52系列单片机头文件

变量宏定义

sbit K1=P1^4;           //定义按键K1

声明延时子函数

uchar flag=0;  //定义一个旗子，初值为0，表示按键K1没按下

void main( )
{                                                          功能：按键检测
    while(1)  //大循环
    {
        if(K1==0)       //如果K1=0,表示按键按下
        {
                                            延时5ms，消除抖动
            延时5ms

            if(K1==0)     //如果此时K1仍然为0，表示按键K1真的按下了
            {
                while(!K1);  //等待按键K1释放
                flag=1;       //作标记，用flag=1表示K1按下了
            }
        }

        if(flag==1)  //按键按下
        {
            P0=~P0;           //P0口各位按位取反，如原来为0，取反后为1
            延时600ms
        }
        else               //否则，按键K1未按下就执行下面的大括号内的语句
        {
            熄灭接于P0口的全部LED
        }
    }
}                                                   功能：按键处理（按
延时子函数                                          控制要求进行处理）
```

图 3-39   例程 3-4 程序的组建方法

做一做

1. 对照独立按键检测流程，写出按键检测功能子函数。
2. 试编程在 XL400 单片机开发板上实现下面的功能：
   要求：上电，接于 P0 口的全部 LED 灯点亮；
   　　　按下按键 K1 后，接于 P0 口的全部 LED 灯按亮 800ms、灭 500ms 的规律持续
   　　　闪烁。

六、广告灯硬件测试与维修示例

1. 硬件测试

完成元件的安装与焊接后，用下面的程序对电路板硬件的正确性进行测试。

①程序功能：上电，全部灯点亮2s后熄灭；按下K1，全部灯点亮；按下K2，只点亮接于P0.0和P2.4的LED，其余灯灭。

②目的：检查单片机是否正常工作；检查所有LED灯是否都完好且正确安装；检查按键是否有效；找出不正常的LED灯或按键，进行故障排除。

③测试程序的组建方法：如图3-40、图3-41所示。

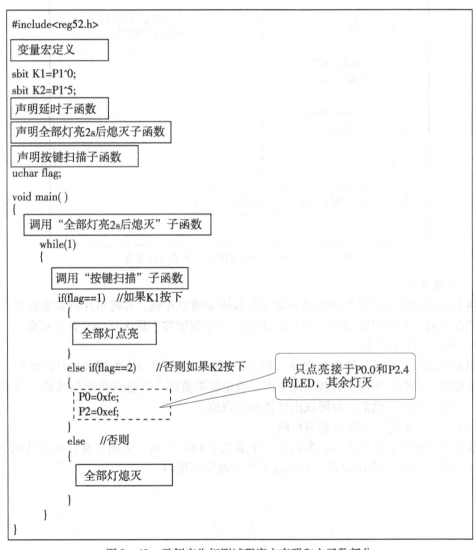

图3-40 示例广告灯测试程序之声明和主函数部分

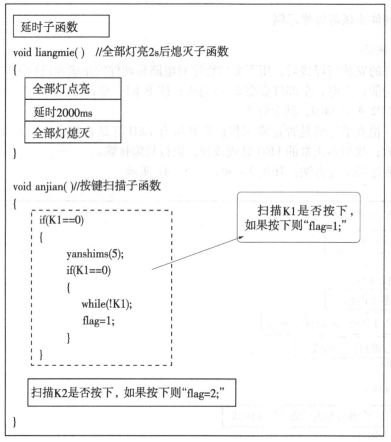

图3-41 示例广告灯测试程序之子函数部分

2. 测试结果

将上面的测试程序用XL400单片机开发板烧录到单片机,并将单片机安装到制作的广告灯硬件电路,上电后发现有一个LED不亮,一个按键按下后无反应,其余正常。

3. 故障分析与维修

当系统故障时,要从硬件和软件(程序)两方面进行排查,如果程序是正确的,可根据故障现象,对照原理图,查找故障原因,确定故障范围,再进行检测与维修。这里,经检查,测试程序是正确的,故障仅由硬件原因造成。

(1)"LED不亮"故障分析与检测。

如果安装测试芯片后通电,发现某一个或几个LED不亮,其他正常,那么从图3-42中LED与单片机接口电路分析,可从以下几方面检测原因。

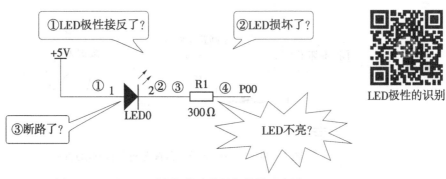

图 3 - 42 "LED 不亮"故障分析与检测示意图

①检查 LED 元件正负极是否接反（电极："小片"为正，"大片呈三角形状"为负）。

②检查 LED 元件是否损坏。切断电源后，把数字万用表转换开关调到二极管专用测试档位"⤙⊢"，红表笔接 LED 正极，黑表笔接 LED 负极，观察 LED 有没有发光，如果有，则此 LED 是好的，否则，说明 LED 损坏，更换即可；也可以用一个 3V 的钮扣电池，使电池的正极和负极分别接触 LED 的正极和负极（电池要完好），如图 3 - 43 所示，看 LED 是否发光，如果不发光，表示 LED 已损坏。

图 3 - 43 用钮扣电池检测 LED 好坏

③检查 LED 接口电路是否有断路情况。分别检测电源与图 3 - 42①（LED 正极）之间、②（LED 负极）与③（R1 一脚）之间、④（R1 另一脚）与单片机 I/O 口 P00 之间是否有断路情况，保证电路连接可靠。

本例是由于该 LED 极性接反，导致不亮，更换 LED 极性后，正常。

（2）"按键无效"故障分析与检测。

如图 3 - 44 所示，独立按键一端接地，另一端与单片机 I/O 连接。如果某个按键按下无反应，可从以下几方面检测原因。

①检测按键本身是否完好。按下按键，检测图 3 - 44 中①与②之间是否导通，通则正常；松开按键，检测①与②之间是否断开，断则正常；通断正常，则是完好。

②检测按键电路是否有断路。检测图 3 - 44①与地（按键的一端与地）之间、②与③（按键另一端与单片机 I/O）之间是否有断路情况，保证电路连接可靠。

经检测，本例异常为按键接地端与 GND 断路，连接后，功能正常。

77

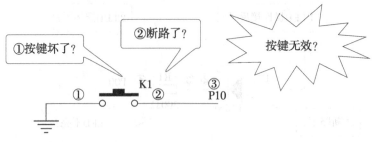

图 3-44 "按键无效"故障分析与检测示意图

（3）其他。

①如图 3-13 所示，单片机工作时，如果复位按键发生粘连（按下并松开后，按键无法断开），此时会使单片机一直处于复位状态而无法正常工作。

②51 系列单片机的（31 脚）EA，当 EA = 0 时，CPU 访问外部 ROM（程序存储器）；当 EA = 1 时，CPU 首先访问内部存储器，而在地址超过存储容量时自动执行外部程序存储器的程序。一般 EA 直接接高电平（ +5V）。

由于 52 系列单片机兼容 51 系列单片机，且我们的制作中 AT89S52 单片机没有接外部 ROM，所以需要把 EA 接高电平（ +5V），如果将 EA 接地或悬空，则无法正常工作。

七、广告灯程序的组建示例

通过前面的试验，我们知道，当要单片机实现某一功能时，可以把这些功能对应的语句放在主函数里去实现它，但如果一个系统比较复杂，功能较多时，尽管也可以按控制顺序将相应的语句写在主函数里，但这样做，主函数会显得很繁杂，可读性较差，任务越大，主函数就会越复杂。在实际编程中，我们常将大而复杂的任务分解成相对独立的小任务，编制相应的子函数，分别进行调试，最后再进行综合调试，这种方法称为模块化编程方法。

下面就以这种方法进行编程，实现"示例广告灯"要求的功能。编程时，通常可按以下步骤进行。

（1）明确控制要求。本例广告灯的控制要求为：

①上电，广告灯自检：全部 LED 灯亮 2s，然后熄灭。

② 按下启动键 K1，LED 灯按下面的规律循环：

a. 中心 LED 灯亮，周边的一个 LED 灯亮点按 500ms 的间隔流动一遍；

b. 周边 LED 灯灭，中心 LED 灯按 300ms 的间隔闪烁 5 次；

c. 全部 LED 灯亮 1s。

③按下停止按键 K2，则全部灯灭，需再次按启动按键才能重新按②的规律循环。

（2）根据"控制要求"画出广告灯控制主流程，如图 3-45 所示。

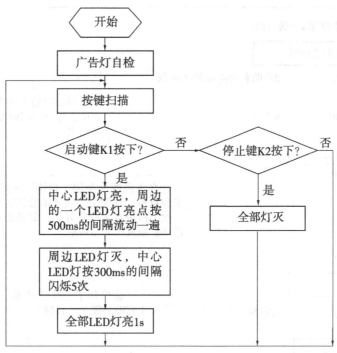

图 3 - 45 示例广告灯的控制主流程

（3）结合广告灯图案（见图 3 - 8），将以上控制要求划分为若干功能模块，拟将每一个功能模块做成一个子函数，取好函数名，如表 3 - 4 所示。

（4）查看广告灯硬件结构框图（见图 3 - 10）和 I/O 分配表（见表 3 - 1），以便编写程序。

表 3 - 4 广告灯包含的功能模块

功 能	函数名
自检（LED1 ～ LED13 全亮 2s 后熄灭）	zijian
LED1 ～ LED12 按 500ms 的间隔流动一遍（一个亮点）	liudong
LED13 按 300ms 的间隔闪烁 5 次	shan
全部 LED 亮 1s	quanliang
按键扫描	anjian

（5）编写与调试程序。

①写程序基本框架，排除语法错误，见图 2 - 26。

②在程序框架的基础上逐个添加、调试各功能子函数。

a. 添加自检功能：添加 zijian 子函数、声明 zijian 子函数、调用 zijian 子函数。程序组建方法如图 3 - 46 所示。

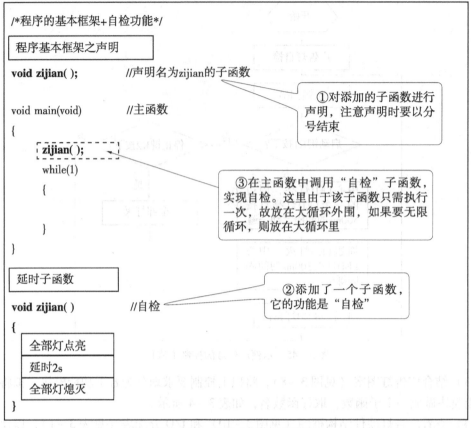

图3-46 添加"自检"功能后

b. 添加一个亮点流动功能：添加 liudong 子函数、声明 liudong 子函数、声明 liudong 子函数中相关变量、调用 liudong 子函数，程序组建方法如图 3-47 和图 3-48 所示。

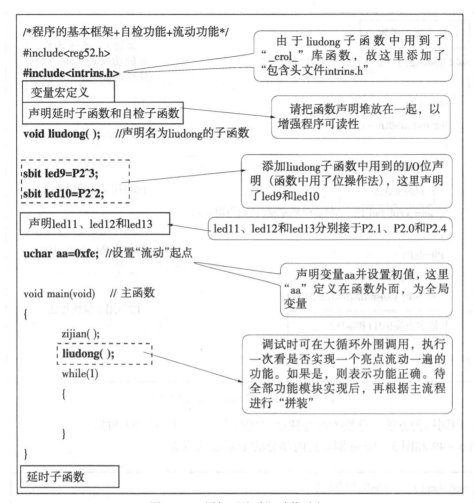

```
/*程序的基本框架+自检功能+流动功能*/
#include<reg52.h>
#include<intrins.h>
  变量宏定义
  声明延时子函数和自检子函数
void liudong( );   //声明名为liudong的子函数

  sbit led9=P2^3;
  sbit led10=P2^2;

  声明led11、led12和led13

uchar aa=0xfe; //设置"流动"起点

void main(void)    // 主函数
{

     zijian( );
     liudong( );
     while(1)

     {

     }
}
  延时子函数
```

由于 liudong 子函数中用到了"_crol_"库函数，故这里添加了"包含头文件intrins.h"

请把函数声明堆放在一起，以增强程序可读性

添加liudong子函数中用到的I/O位声明（函数中用了位操作法），这里声明了led9和led10

led11、led12和led13分别接于P2.1、P2.0和P2.4

声明变量aa并设置初值，这里"aa"定义在函数外面，为全局变量

调试时可在大循环外围调用，执行一次看是否实现一个亮点流动一遍的功能。如果是，则表示功能正确。待全部功能模块实现后，再根据主流程进行"拼装"

图 3-47 添加"流动"功能后之1

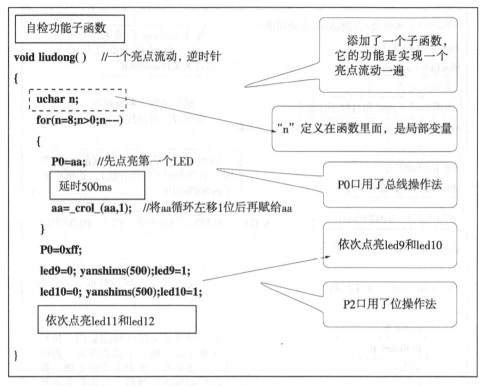

图 3-48 添加"流动"功能后之 2

c. 用同样的方法，分别添加并调试"闪烁""全亮 1 秒"的功能。

图 3-49 和图 3-50 分别是这两部分的子函数的写法：

```
void shan( )        //led13闪烁5次
{
  uchar n;
  for(n=10;n>0;n--)
    {

        led13状态取反，再延时300ms

    }
}
```

图 3-49 "闪烁"功能子函数的参考写法

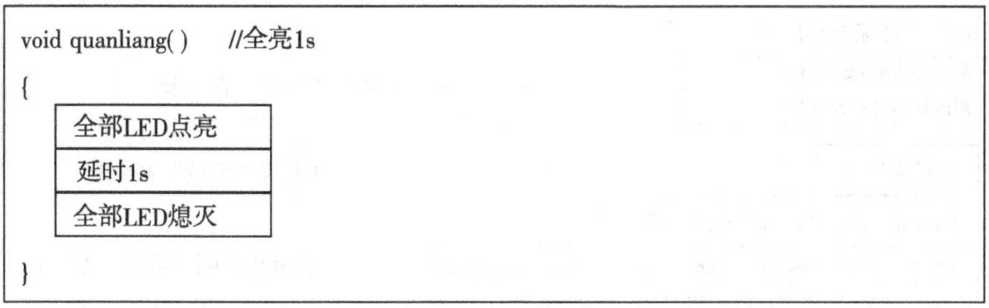

```
void quanliang( )    //全亮1s
{
    ┌─────────────────┐
    │ 全部LED点亮      │
    ├─────────────────┤
    │ 延时1s           │
    ├─────────────────┤
    │ 全部LED熄灭      │
    └─────────────────┘
}
```

图 3-50　"全亮 1 秒"功能子函数的参考写法

d. 添加按键检测子函数，写法如图 3-51 所示。

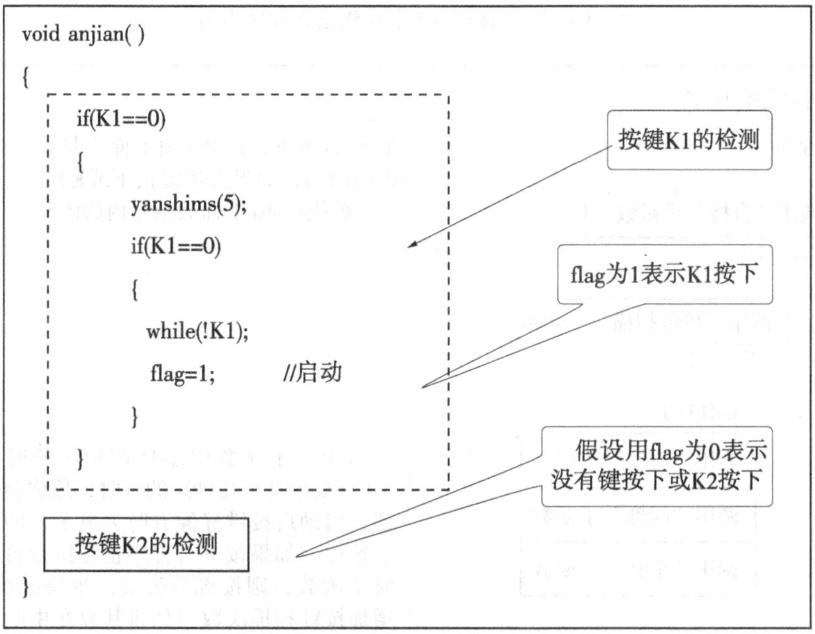

```
void anjian( )
{
    if(K1==0)                        按键K1的检测
    {
        yanshims(5);
        if(K1==0)                    flag为1表示K1按下
        {
            while(!K1);
            flag=1;        //启动
        }
    }
                                     假设用flag为0表示
                                     没有键按下或K2按下
    按键K2的检测
}
```

图 3-51　按键检测子函数的参考写法

③程序综合。根据主流程结构，将各子函数在主函数中"拼装"起来（也可以做成另一个子函数，在该子函数中把功能"拼装"好，然后在主函数中调用）。

a. 将各子函数中用到的全局变量的声明、需要位操作的 I/O 口的声明、各子函数的声明等放在程序的"声明部分"（主函数前面）。

b. 根据主流程，选择合适的语句（如 if…else、switch…case 或其他赋值语句等），组建主函数。

c. 排除语法错误。

d. 先用开发板调试、观察程序是否符合"控制要求"，不符合则修正，直到符合要求。

例程 3-5　"示例广告灯"综合程序的组建方法，如图 3-52 至图 3-54 所示。

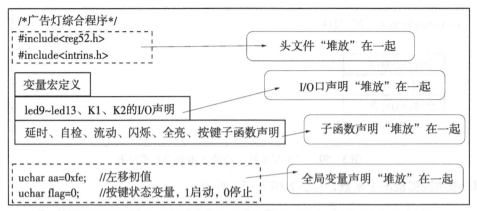

图 3 - 52　例程 3 - 5 程序组建之程序声明

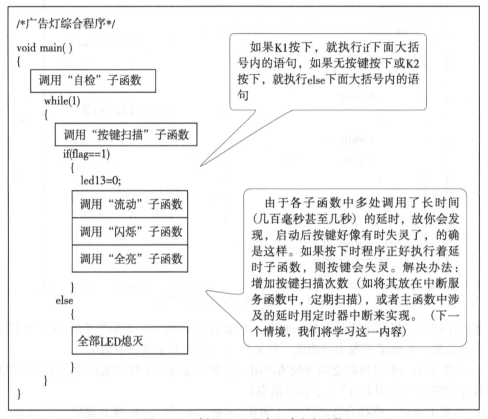

图 3 - 53　例程 3 - 5 程序组建之主函数

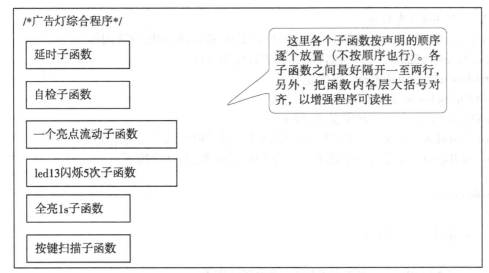

图3－54 例程3－5程序组建之各子函数

认知拓展 部分例程参考程序

1. 例程3-3参考程序

```
/*用C51库函数实现流动效果*/
#include<reg52.h>           // 包含52系列单片机的头文件
#include<intrins.h>         // 包含"_crol_"函数的头文件
#define uchar unsigned char    // 宏定义，用uchar代替unsigned char
#define uint unsigned int   // 宏定义，用uint代替unsigned int
void yanshims(uint t);      // 声明延时子函数

void main( )           // 主函数
{
    uchar aa=0xfe;         // 定义无符号字符型变量aa，并赋初值0xfe(11111110)
    while(1)           // 大循环
      {
        P0=aa;         // 先点亮第一个LED
        yanshims(500);    // 延时500毫秒
        aa=_crol_(aa,1);  // 将aa循环左移1位后再赋给aa
      }
}

void  yanshims(uint t)     // 延时子函数
{
    uint i,j;           // 定义i,j为无符号整型变量
    for(i=t;i>0;i--)      // i=t即延时t ms
      for(j=112;j>0;j--);
}
```

2. 例程3-4参考程序

```c
// 上电，P0口LED全灭；K1按下，P0口LED按600ms的间隔持续闪烁
#include<reg52.h>              // 包含52系列单片机头文件
#define uint unsigned int      // 宏定义
#define uchar unsigned char    // 宏定义
sbit K1=P1^4;                  // 定义按键K1
void yanshims(uint);           // 声明延时子函数，括号内可以只写变量类型
uchar flag=0;   // 定义一个旗子，初值为0，表示按键K1没按下

void main( )
{
    while(1)    // 大循环
    {
        if(K1==0)       // 如果K1=0，表示按键按下
        {
            yanshims(5);    // 延时5ms，消除抖动
            if(K1==0)      // 如果此时K1仍然为0，表示按键K1真的按下了
            {
                while(!K1);   // 等待按键K1释放
                flag=1;    // 作标记，用flag=1表示K1按下了
            }
        }

        if(flag==1)    // 按键按下
        {
            P0=~P0;     // P0口各位按位取反，如原来为0，取反后为1
            yanshims(600);   // 延时子函数600ms
        }
        else           // 否则，按键K1未按下，就执行下面的大括号内的语句
        {
            P0=0xff;   // 11111111，8个发光二极管全灭
        }
    }
}

void yanshims(uint t)
{
    uint i,j;
    for(i=t; i>0; i--)         // i=t 即延时约tms
    for(j=112; j>0; j--);
}
```

3. 例程3-5参考程序

```c
/*示例广告灯综合程序*/
/*LED13~LED0分别接于P0.7~P0.0, P2.4~P2.0每位接1个灯,中心的LED(led13)接于
P2.4*/
#include<reg52.h>
#include<intrins.h>
#define uint unsigned int
#define uchar unsigned char

sbit led9=P2^3;
sbit led10=P2^2;
sbit led11=P2^1;
sbit led12=P2^0;
sbit led13=P2^4;
sbit K1=P1^0;   //启动
sbit K2=P1^5;   //停止

void yanshims(uint t);
void zijian( );   //自检
void liudong( );   //流动,逆时针
void shan( );   //闪烁5次
void quanliang( );   //全亮
void anjian( );

uchar aa=0xfe;   //左移初值
uchar flag=0;   //按键状态变量,1启动,0停止

void main( )
{
    zijian( );
    while(1)
    {
        anjian( );
        if(flag==1)
          {
                led13=0;
                liudong( );
                shan( );
                quanliang( );
          }
```

```c
            else
            {
                P0=0xff;
                P2=0xff;
            }
    }
}

void yanshims(uint t)    // 延时子函数
{
    uint i,j;
    for(i=t;i>0;i--)
        for(j=112;j>0;j--);
}

void zijian ( )    // 自检
{
    P0=0x00;    // P0口8位全亮
    P2=0xe0;    // P2口低5位亮，这里由于P2口高3位无其他用途，故直接送全0点亮
    yanshims(2000);
    P0=0xff;
    P2=0xff;
}

void liudong( )    // 一个亮点流动，逆时针
{
    uchar n;
    for(n=8;n>0;n--)
    {
        P0=aa;    // 先点亮第一个LED
        yanshims(500);    // 延时500毫秒
        aa=_crol_(aa,1);    // 将aa循环左移1位后再赋给aa
    }
    P0=0xff;
    led9=0; yanshims(500);led9=1;
    led10=0; yanshims(500);led10=1;
    led11=0; yanshims(500);led11=1;
    led12=0; yanshims(500);led12=1;
}
```

```
void shan( )    // led13闪烁5次
{
    uchar n;
    for(n=10;n>0;n--)
        {
            led13=~led13;   // 取反
            yanshims(300);  // 延时300毫秒
        }
}


void quanliang( )    // 全亮1s
{
    P0=0x00;
    P2=0xe0;
    yanshims(1000);
    P0=0xff;
    P2=0xff;
}

void anjian( )    // 按键扫描子函数
{
    if(K1==0)
    {
        yanshims(5);
        if(K1==0)
            {
                while(!K1);
                flag=1;      // 启动
            }
    }

    if(K2==0)
    {
        yanshims(5);
        if(K2==0)
          {
              while(!K2);
              flag=0;       // 停止
          }
    }
}
```

应用拓展　复合按键的应用

有时，为了节省 I/O 资源，我们需要在一个按键上复合两个或以上的功能，比如，按键 K1 第一次按下时执行"启动"功能，第二次按下时执行"暂停"功能，第三次按下时执行"复位"功能，第四次按下时同第一次，其他类推，如图 3-55 所示。

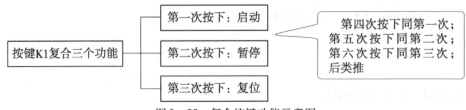

图 3-55　复合按键功能示意图

例程 3-6　改进示例广告灯，用一个复合按键实现原有的控制功能，即：

①上电，广告灯自检。

②按下按键 K1 一次，启动广告灯，各 LED 灯按下面的规律循环：中心 LED 灯亮，周边的一个 LED 灯亮点按 500ms 的间隔流动一遍；接着，周边 LED 灯灭，中心 LED 灯按 300ms 的间隔闪烁 5 次；然后，全部 LED 灯亮 1s。

③按下 K1 两次，系统停止，全部灯灭，需再次启动系统才能重新按②的规律循环。

④按下按键三次同第一次，按下按键四次同第二次，其余类推。

这里按键 K1 复合两个功能，即启动和停止功能。

（1）复合按键检测流程，如图 3-56 所示。

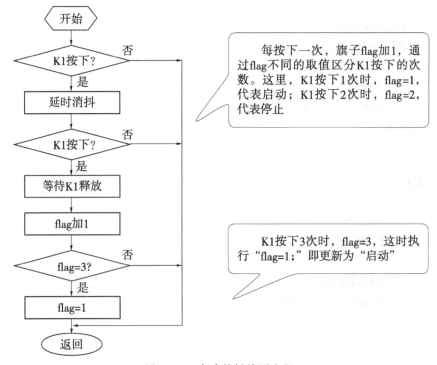

图 3-56　复合按键检测流程

（2）参考程序组建方法，如图 3–57 至图 3–59 所示。

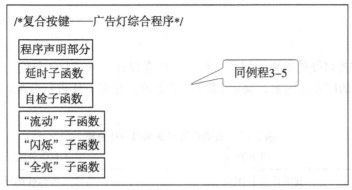

```
/*复合按键——广告灯综合程序*/
程序声明部分
延时子函数                          同例程3-5
自检子函数
"流动"子函数
"闪烁"子函数
"全亮"子函数
```

图 3–57 例程 3–6 程序组建之"与例程 3–5 相同"部分

```
/*复合按键——广告灯综合程序*/
void main( )
{
    调用自检子函数

    while(1)
    {
        调用按键扫描子函数
        if(flag==1)  //启动
            {
                led13=0;                    "else if(flag==2)"意思
                liudong( );                 为"否则flag等于2"
                shan( );
                quanliang( );
            }
        else if(flag==2)//停止
            {
                全部LED熄灭

            }
    }
}
```

图 3–58 例程 3–6 程序组建之主函数

```
/*复合按键——广告灯综合程序*/
void anjian( )      //按键扫描子函数
{
    if(K1==0)
    {
        yanshims(5);
        if(K1==0)
        {
            while(!K1);
            flag++;               //每按下一次，flag加1
            if(flag==3)
            {
                flag=1;
            }
        }
    }
}
```

图 3–59 例程 3–6 程序组建之按键检测子函数

单片机技术及应用工作页 <<<<<<<<<<<<<<<

【设计】

一、硬件设计

（1）阅读广告灯硬件制作示例中"广告灯图案设计"和"I/O 分配"，发挥你的想象和创意，设计你的广告灯图案，确定 LED 灯的个数，并对 I/O 进行分配，记录在表 3 - 5 中。

表 3 - 5　我的广告灯图案和 I/O 分配

组号：　　　　　　　　图案策划：　　　　　　　　　　I/O 分配策划：

我的广告灯图案	名称或编号	I/O 分配
按键		
小计 I/O 数（位）		

（2）根据广告灯的 I/O 分配情况，在表 3 - 6 中画出你的广告灯结构框图。

表 3-6 我的广告灯结构框图

组号： 设计：

（3）选择或设计框图中各功能模块电路。

阅读广告灯硬件制作示例中"设计各功能模块的原理图"或查找相关资料，选择或设计各功能模块的原理图，记录在表 3-7 中（可以文字说明也可以画图说明）。

表 3-7 我的广告灯功能模块电路

电源解决方案： 设计：	LED 接口电路： 设计：
复位电路： 设计：	按键接口电路： 设计：
晶振电路： 设计：	

（4）画广告灯原理电路图（画在 A4 纸上，格式如表 3 - 8 所示）。

表 3 - 8　我的广告灯原理电路图

组号：　　　　　　制图：

（5）阅读广告灯硬件制作示例中"选择元件，列出元件及材料清单"或通过网络或到电子市场调查，查找相关资料，在性价比较高的情况下，选择元件并列出清单，估算制作成本，记录在表 3 - 9 中。

表 3 - 9　我的广告灯元件及材料清单

组号：　　　　　　　　　调查：　　　　　　　　　制表：

符　　号	元件名称	标称值或型号	数　　量

符　号	元件名称	标称值或型号	数　量

元件购买途径决策	成本估算	
	途径或方式	
	产品成本	
	决策：	

注：途径或方式如电子市场、网购、集中网购等。

二、控制方案设计

结合你的广告灯图案，讨论并描述你的广告灯控制方案，填写在表 3 – 10 中。

表 3 – 10　我的广告灯控制方案

班　级		组　号		设　计	
我的广告灯控制方案：					

【制作】

用数字万用
表测电阻

一、硬件制作

（1）购买元件，并将元件按类型（有些元件还要考虑标称大小、有无极性）进行分类。

（2）领取工具，填写工具使用清单（见表3-11）。

表3-11　工具使用清单

日　期	领取人	班/组号	工具名称	数量（套）	是否完好	归还日期	备　注

（3）组员作好分工（安装前核对元件及布局、安装与焊接，测试程序的编制与烧录），将分工情况记录在表3-12中。

表3-12　组员分工情况表

组　号	元件核对、布局（1人）	安装与焊接（1人）	测试程序的编制与烧录（2人）

（4）元件布局、安装与焊接元件，完成硬件电路的制作。

二、程序编制

工作台的使用

（1）程序组建方案示例1。

①图案及I/O分配情况（见图3-60）。

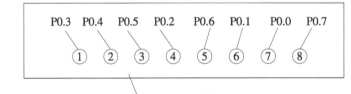

焊接的规范操作

图中表示由8个LED灯组成的"一字形"图案，圆圈内的数字代表LED的编号，同时，可以看到这些LED灯分别接到了单片机I/O哪一位

焊台的使用

图3-60　"示例1"图案及I/O分配

②控制要求与编程思路（见图3-61）。

将"一个亮点从左到右流动一遍"做成一个"流动功能子函数"。假设名称为"liudong"

编号1至8的LED没有按I/O高低位顺序接到P0口各位,用送数—延时法(不方便应用库函数)

控制要求:
一个亮点从左到右流动4遍(500ms间隔),接着左边4个和右边4个LED灯交替闪烁6次(800ms间隔),然后所有灯全亮2s,循环

设置左边4个亮、右边4个灭为初始状态,再取反—延时,或者直接用送数—延时法

用"大循环"实现循环功能

将"左边4个和右边4个LED灯状态取反(或交替闪烁)1次"做成一个"闪烁功能子函数"。假设名称为"shanshuo"

图3-61 "示例1"控制要求与编程思路

③程序组建参考方案(见图3-62、图3-63)。

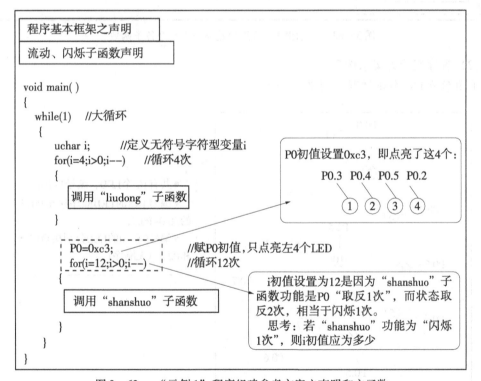

图3-62 "示例1"程序组建参考方案之声明和主函数

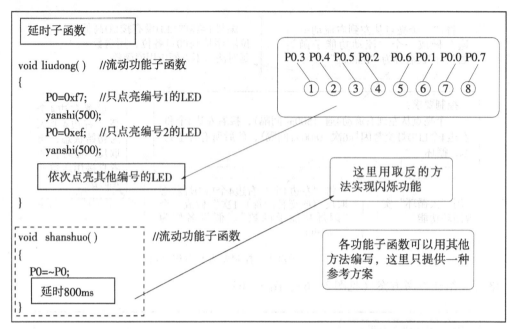

图 3 - 63　"示例 1"程序组建参考方案之各子函数

（2）程序组建方案示例 2。

①图案及 I/O 分配情况（见图 3 - 64）。

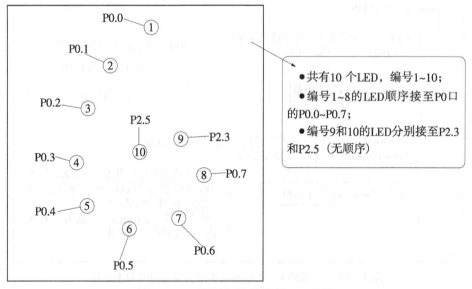

图 3 - 64　"示例 2"图案及 I/O 分配

②控制要求与编程思路（见图 3 - 65）。

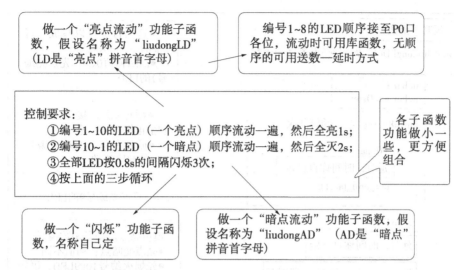

图3-65 "示例2"控制要求与编程思路

③程序组建参考方案(见图3-66、图3-67)。

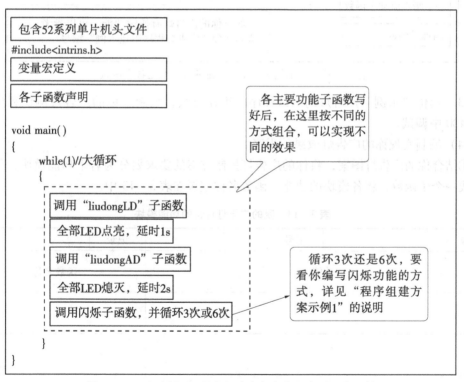

图3-66 "示例2"程序组建参考方案之声明和主函数

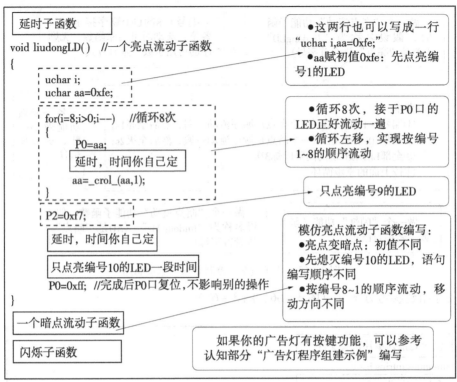

图 3 - 67   "示例 2"程序组建参考方案之各子函数

（3）模仿"示例"广告灯的测试程序的组建方法，编制好你的广告灯测试程序，并在 XL400 中调试。

（4）编制实现你的广告灯效果的程序。

①结合你的广告灯图案，将你的广告灯控制方案的要求划分为若干功能模块，每个模块做成一个子函数，将各模块的功能、函数名称记录在表 3 - 13 中。

表 3 - 13   我的广告灯包含的功能模块

班级		组号		记录	
功能					函数名称

②小组成员作好分工，每人负责 1～2 个功能子函数的编制与调试（可先在 XL400 中调试）。将分工情况记录在表 3-14 中。

表 3-14 小组成员分工

班级：   组号：

分工情况			
姓　名	功能（用表 3-13 的函数名表示）	姓　名	功能（用表 3-13 的函数名表示）

③小组讨论，对程序进行综合，生成 HEX 代码。

【检测】

（1）用万用表检查电路板电源接口的"+5V"和"GND"是否短路，如果无短路，进行下一步，否则，检查并维修好。

（2）将你的广告灯测试程序烧录到单片机，并安装到电路板中，上电、检查并填写电路板制作与测试记录卡，见表 3-15。

表 3-15 电路板制作与测试记录卡

组号		制作耗时（课时）	
错误元件名称	错误原因	是否解决	检修人
测试、检修正确后最终耗时（课时）			

（3）将综合后的程序代码，用 XL400 单片板开发板烧录到单片机，再安装到电路板进行调试，认真检查程序功能是否与你的"控制方案"（广告灯效果）相同，如果不同，检查原因，修改程序，直至功能相符。

【评估】

一、自我评价（40 分）

由学生根据学习任务的完成情况进行自我评价，评分值记录于表 3-16 中。

用数字万用表
测直流电压

表 3 – 16　自我评价表

项目内容	配分	评分标准	扣分	得分
1. 认知	20分	（1）对照实物指出按键的一对触点、排阻的 1 脚、DC 电源接口的正极，出错 1 处扣 2 分； （2）判断广告灯系统中单片机引脚 EA 应接的电平，错误扣 2 分； （3）应用 while 或 for 语句实现有限次循环时，循环次数设置错误，每次扣 1 分； （4）应用库函数 "_crol_" 或 "_cror_" 时出现语法错误，每次扣 1 分； （5）根据独立按键检测流程图写子函数出错，每处扣 1 分		
2. 设计	20分	（1）广告灯系统 I/O 分配表填写，错一处扣 1 分； （2）画广告灯系统结构框图，错一处扣 1 分； （3）选择或设计晶振电路、复位电路、LED 与单片机接口电路、按键与单片机接口电路，错一处扣 1 分； （4）所列元件清单中元件名称、数量与自己的广告灯原理电路图不相符，一处扣 1 分； （5）广告灯控制方案没有包含闪烁或流动效果，或描述不清楚，酌情扣 3 ～ 5 分		
3. 制作	20分	（1）元件安装出现极性接反等错误，每处扣 2 分； （2）焊接出现虚焊、明显毛刺等，每处扣 1 分； （3）万能板布局不合理，焊接工艺不美观，酌情扣 3 ～ 5 分； （4）不能正确完成自己负责的功能子函数，扣 3 分； （5）不能独立完成本组综合程序，扣 3 分		
4. 检测	20分	（1）电路板电源与地之间出现短路，扣 2 分； （2）单片机 EA 脚悬空或连接错误，扣 2 分； （3）不能独立排查并修正电路板的其他故障，每处扣 1 分； （4）程序功能与预设方案的效果不符，酌情扣 3 ～ 6 分； （5）综合程序无功能且不能查找原因并修正，酌情扣 5 ～ 8 分		
5. 安全、文明操作	20分	（1）违反操作规程，产生不安全因素，可酌情扣 7 ～ 10 分； （2）着装不规范，可酌情扣 3 ～ 5 分； （3）迟到、早退、工作场地不清洁每次扣 1 ～ 2 分		
总评分 =（1 ～ 5 项总分）×40%				

二、小组评价（30分）

由同一学习小组的同学结合自评的情况进行互评，将评分值记录于表3-17中。

表3-17 小组评价表

项目内容	配　分	得　分
1. 学习记录与自我评价情况	20分	
2. 对实训室规章制度的学习和掌握情况	20分	
3. 相互帮助与协作能力	20分	
4. 安全、质量意识与责任心	20分	
5. 能否主动参与整理工具与场地清洁	20分	
总评分＝（1～5项总分）×30%		

三、教师评价（30分）

由指导教师根据自评和互评的结果进行综合评价，并将评价意见和评分值记录于表3-18中。

表3-18 教师评价表

教师总体评价意见：	
教师评分（30分）	
总评分＝自我评分＋小组评分＋教师评分	

参加评价的教师签名：

年　　月　　日

【课外作业】

（1）图3-68是某程序的主函数流程图，请根据该图写出对应的主函数，写在右边的虚线框中。其中延时部分直接调用毫秒级延时子函数"yanshims(uint t)"，例如：用"yanshims(1)"实现1ms延时。

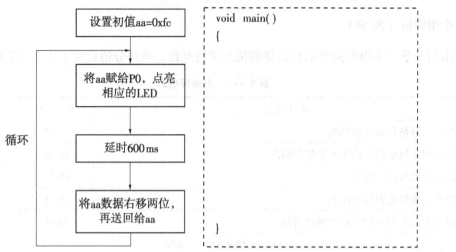

图 3-68 某程序的主函数流程图

（2）小结你制作创意广告灯时遇到的问题及解决办法。

学习情境 4 制作一个秒表

【学习情境描述】

在实验室中,在运动会的赛场上,计时秒表的应用随处可见;在我们使用的电子表上、手机上也能发现其具备秒表的功能。秒表在精确计时方面的确为我们提供了很大的方便,在日常生活中得到了广泛的使用。接下来,李工要求你们在 XL400 上搭建一个秒表,如图 4 – 1 所示。熟悉用单片机驱动数码管显示的方法,体验单片机内部定时/计数器、中断系统的强大功能。

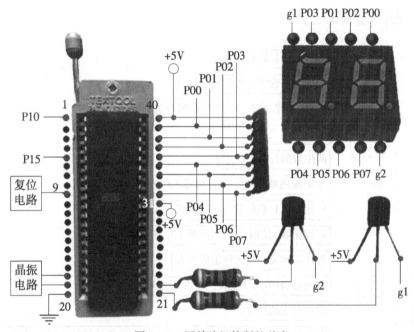

图 4 – 1 用单片机控制的秒表

【学习目标】

一、知识目标

（1）能正确区分点亮共阳、共阴型数码管各笔画所需的电平（高或低电平）。

（2）能根据数码管的显示流程正确写出对应的子函数。

（3）对照数组的格式及调用说明图能解决一维数组在应用中出现的语法问题。

（4）能正确应用求模、求余公式将一个两位数的个、十位分离。

（5）对照 IE、TMOD 的说明图表,能按要求正确设置 IE、TMOD 各位。

（6）对照中断服务函数格式能解决 T0 或 T1 中断应用中出现的格式相关的语法问题。

二、技能目标

（1）具备正确选择数码管、按键等组建一个秒表的技能。
（2）具备根据数码管与单片机的连接关系图编制数码管字形码的技能。
（3）具备选择合适的方法组建程序，实现秒表显示功能的技能。
（4）具备正确选用单片机定时/计数器实现秒表计时功能的技能。
（5）具备正确组建与调试程序，实现秒表预期效果的技能。

三、情感态度与职业素养目标

（1）能注意着装规范，按时出勤。
（2）有耐心，遇问题能主动寻求解决办法。
（3）有安全意识，善于与组员沟通、合作。

【学习任务结构】（见图4-2）

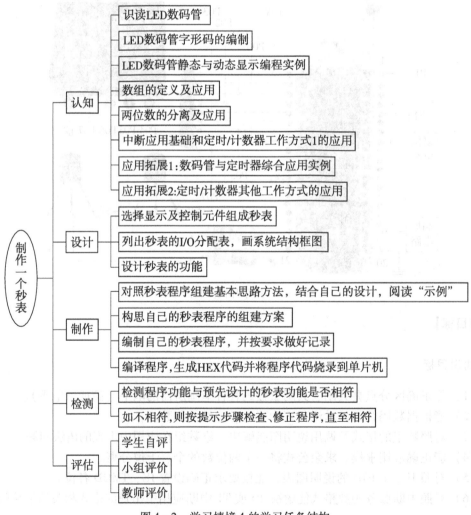

图4-2 学习情境4的学习任务结构

【认知】

一、LED 数码管识读

（1）LED 数码管是怎样的？

LED 数码管具有显示清晰、亮度高、接口方便、价格便宜等优点，在单片机应用系统中常用它们来显示各种数字或符号。数码管有很多种，有 8 字形的，也有米字形的；有右下角带点的，也有不带点的；有单位的，也有双位（两位连在一起）的、四位（四位连在一起）的，等等，如图 4－3 所示。图 4－4 是 XL400 中的数码管。

图 4－3 各种各样的 LED 数码管

图 4－4 XL400 中的数码管

（2）LED 数码管是怎样显示数字或符号的？

其实，不管是什么形状的数码管，也不管将几位的数码管连在一起，其显示原理都是一样的，都是靠点亮数码管内部的发光二极管（LED）来发光，显示相应的数字或符号。下面我们就用几个图来介绍几种常用的 8 字形数码管的显示原理，请注意看图中的注释。

图 4－5、图 4－6、图 4－7 所示分别是单位数码管、双位数码管、四位数码管。

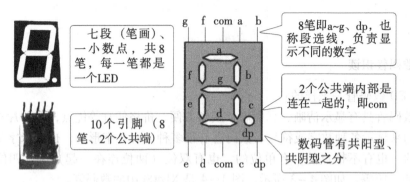

图 4-5　单位数码管

七段（笔画）、一小数点，共8笔，每一笔都是一个LED

10个引脚（8笔、2个公共端）

8笔即a~g、dp，也称段选线，负责显示不同的数字

2个公共端内部是连在一起的，即com

数码管有共阳型、共阴型之分

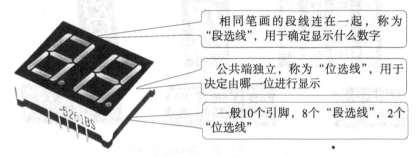

图 4-6　双位数码管

相同笔画的段线连在一起，称为"段选线"，用于确定显示什么数字

公共端独立，称为"位选线"，用于决定由哪一位进行显示

一般10个引脚，8个"段选线"，2个"位选线"

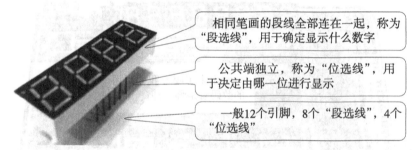

图 4-7　四位数码管

相同笔画的段线全部连在一起，称为"段选线"，用于确定显示什么数字

公共端独立，称为"位选线"，用于决定由哪一位进行显示

一般12个引脚，8个"段选线"，4个"位选线"

（3）数码管的类型。

数码管有共阳型和共阴型两种，在选用或选购时，应标注清楚，以下用图4-8来说明两者的区别。

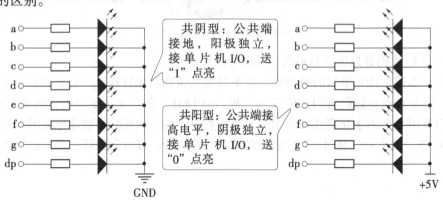

共阴型：公共端接地，阳极独立，接单片机I/O，送"1"点亮

共阳型：公共端接高电平，阴极独立，接单片机I/O，送"0"点亮

图 4-8　共阳型与共阴型接法说明

值得注意的是，XL400 开发板中的数码管是共阳型的！

二、实现数码管静态显示

数码管与单片机正确连接后，怎样使它们显示数字或符号呢？当然是编写程序。下面我们就来尝试点亮 LED 数码管吧！

1. 数码管显示的编程要点

（1）确定数码管的字形编码或段码。

（2）选通要显示的数码管。

（3）将待显示数字或符号的字形编码送到段选线。

数码管的字形编码
（手工编制）

2. 编制数码管的字形码

要编制数码管的字形编码（以下简称字形码或字模），我们需要知道数码管的类型（如米字、日字形，共阳、共阴）以及数码管的段线（即各笔画）与单片机的连接方式。下面以 XL400 中的数码管为例说明字形码的编制方法。

（1）XL400 中数码管与单片机接口电路。

XL400 中采用的是 4 个"双位共阳型"数码管，它们与单片机的接口电路如图 4－9 所示。

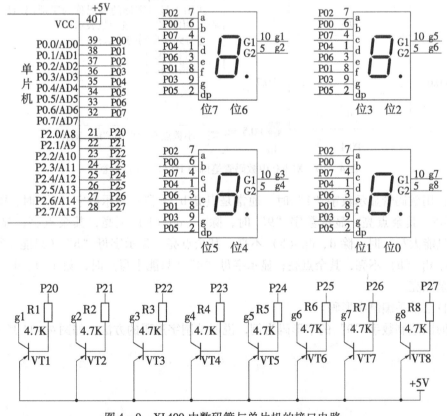

图 4－9　XL400 中数码管与单片机的接口电路

由图 4-9 可见，各数码管内部的公共端（如 G1～G2）是独立的，而负责显示什么数字的段线（a、b、c、d、e、f、g、dp）是连在一起的，独立的公共端可以控制 2 位数码管中的哪一位点亮，而连接在一起的段线可以控制数码管显示的是什么数字（或符号）。通常，把公共端叫"位选线"，把连接在一起的段线叫"段选线"，图 4-9 中 4 个数码管的公共端 G1～G2 分别接到了 P2 口的 P2.0～P2.7；段选线（a、b、c、d、e、f、g、dp）分别接到了 P0 口的 P0.2、P0.0、P0.7、P0.4、P0.6、P0.1、P0.3、P0.5。有了"段选线"和"位选线"后，就可以通过单片机及其外部驱动电路控制任意数码管显示任意的数字了。

（2）编制字形码。

知道了数码管的类型（共阳）及其段选线与单片机 I/O 口的连接关系后，就可以编制其字形码，根据数码管与单片机的接口电路，可以画出数码管各段与 P0 口的连接示意图，如图 4-10 所示。

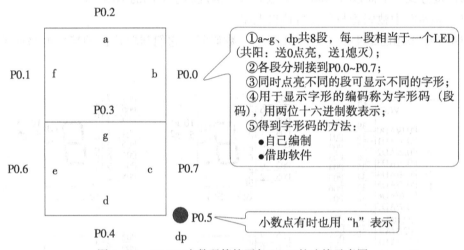

图 4-10　XL400 中数码管笔画与 P0 口的连接示意图

注：用数码管显示数字"1"时，通常是点亮 b、c 段；显示数字"6"时，除 b、dp（h）不亮，其余点亮；显示数字"9"时，除 e、dp（h）不亮，其余点亮；显示字母"A"（只能大写）时，除 d、dp（h）不亮，其余点亮；显示字母"b"（只能小写）时，除 a、b、dp（h）不亮，其余点亮；显示字母"d"（只能小写）时，除 a、f、dp（h）不亮，其余点亮。

①自己动手编制字形码。

下面以编制数字"0"的字形码为例，说明编制字形码的方法，如图 4-11 所示。

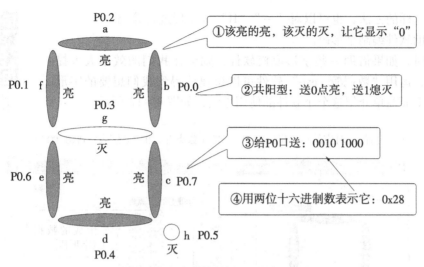

图4-11 编制数字"0"的字形码

为便于对数码管进行编码，可以列出表4-1，根据字形，给要点亮的段对应的P0口线"送0"，给不点亮的段对应的P0口线"送1"，再写出其对应的十六进制数，这样就可以方便地对各种字形进行编码了。

表4-1 数码管的字形码编制表

显示数字	P0口各位								编 码
	P0.7	P0.6	P0.5	P0.4	P0.3	P0.2	P0.1	P0.0	
0	0	0	1	0	1	0	0	0	0x28
1	0	1	1	1	1	1	1	0	0x7e
2	1	0	1	0	0	0	1	0	0xa2
3	0	1	1	0	0	0	1	0	0x62
4	0	1	1	1	0	1	0	0	0x74
5	0	1	1	0	0	0	0	1	0x61
6	0	0	1	0	0	0	0	1	0x21
7	0	1	1	1	1	0	1	0	0x7a
8	0	0	1	0	0	0	0	0	0x20
9	0	1	1	0	0	0	0	0	0x60
A	0	0	1	1	0	0	0	0	0x30
b	0	0	1	0	0	1	0	1	0x25
C	1	0	1	0	1	0	0	1	0xa9
d	0	0	1	0	0	1	1	0	0x26
E	1	0	1	0	0	0	0	1	0xa1
F	1	0	1	1	0	0	0	1	0xb1

根据这样的方法，也可以对"－""H"等字形进行编码。

②借助软件编制字形码。

编码时，如果借助一些字形取模软件，则会让我们的效率大大提高。例如，运用"数码管.exe"软件可以快速地得到我们想要的字形的编码，下面简单介绍这个小软件的使用方法，如图4－12所示。

数码管.exe
软件的使用

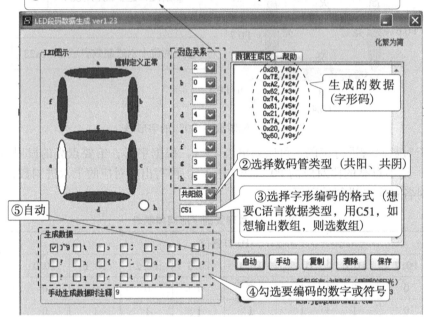

图4－12　用"数码管.exe"软件生成字形码

做一做

1. 根据图4－10"XL400中数码管笔画与P0口的连接示意图"，用手工编制或软件生成法编制你组号对应数字的字形码，填写在表4－2中。

表4－2　我组号对应的字形码

我的组号	XL400中数码管对应的字形码	我采用的方法

注：如果你是第十组及以后，则组号用十六进制字母表示，如第十组为"A"。

2. 如果数码管的各个笔画与单片机P0口的连接方式如图4－13所示，试编制它的0～9的字形码。

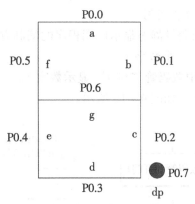

图 4 - 13　某数码管笔画与 P0 口的连接示意图

3. 选通数码管的方法

由图 4 - 9 所示的 XL400 中数码管与单片机的接口电路可知，8 位数码管的选通分别由 P2.0 ～ P2.7 进行控制，各位与单片机 I/O 的对应关系如图 4 - 14 所示，当给数码管对应的位选线送 "0" 时，则选通该位数码管。

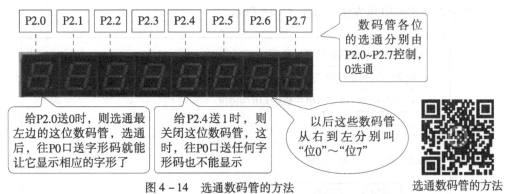

图 4 - 14　选通数码管的方法

选通数码管的方法

为了方便说明，以后我们把这些数码管都进行编号，从右到左分别叫 "位 0" 至 "位 7"。有时，为了编程方便，也可以用总线操作法去选通各位数码管，并将其编制成位码（编制位码时，通常每次只选通一位），如表 4 - 3 所示。

表 4 - 3　XL400 中数码管的位码表

数码管编号	P2 口各位								位　码
	P2. 7	P2. 6	P2. 5	P2. 4	P2. 3	P2. 2	P2. 1	P2. 0	
位 0	0	1	1	1	1	1	1	1	0x7f
位 1	1	0	1	1	1	1	1	1	0xbf
位 2	1	1	0	1	1	1	1	1	0xdf
位 3	1	1	1	0	1	1	1	1	0xef
位 4	1	1	1	1	0	1	1	1	0xf7
位 5	1	1	1	1	1	0	1	1	0xfb
位 6	1	1	1	1	1	1	0	1	0xfd
位 7	1	1	1	1	1	1	1	0	0xfe

4．LED 数码管静态显示编程实例

下面通过一些例程说明数码管静态显示应用程序的编制方法。

（1）实现一位数码管显示一个数字。

例程 4 – 1 实现 XL400 中数码管"位 7"显示数字 3。

①显示流程及对应的语句，如图 4 – 15 所示。

点亮一位
数码管示例

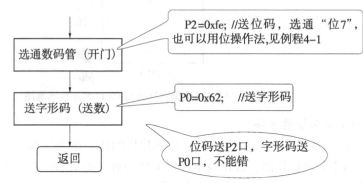

图 4 – 15 点亮一位数码管的流程

②参考程序的组建方法，如图 4 – 16 所示。

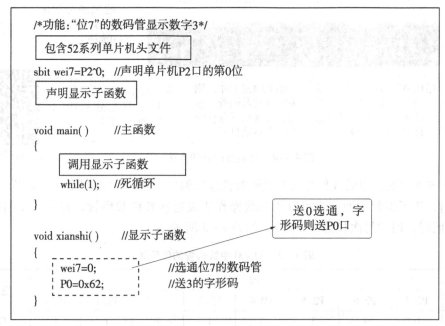

图 4 – 16 例程 4 – 1 参考程序的组建方法

思考：修改图 4 – 16 哪里可以改变显示的位置？修改图 4 – 16 哪里可以改变显示的字形？

（2）实现 2 位或多位数码显示相同的数字。

例程 4 – 2 实现数码管"位 7 和位 6"显示数字 33 。

想在多位显示相同的数字，只需将要显示的数码管都选通就行了。参考程序的组建方法如图 4 – 17 所示。

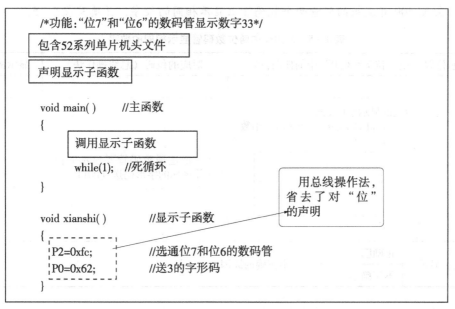

图4-17 例程4-2参考程序的组建方法

 做一做

1. 在 XL400 开发板上验证你前面编制的字形码的正确性，将试验过程记录于表4-4中。

表4-4 在 XL400 中验证我编制的字形码

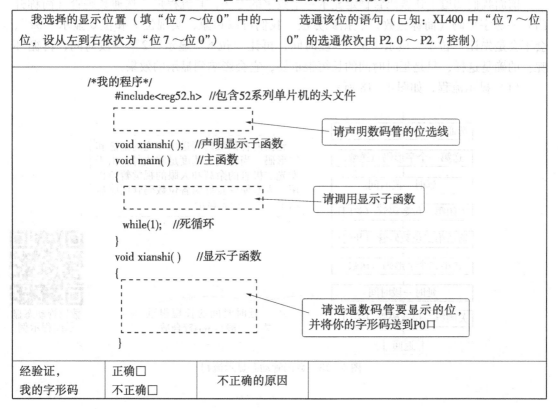

我选择的显示位置（填"位7～位0"中的一位，设从左到右依次为"位7～位0"）	选通该位的语句（已知：XL400中"位7～位0"的选通依次由 P2.0～P2.7 控制）

```
/*我的程序*/
    #include<reg52.h> //包含52系列单片机的头文件
    ┌ ─ ─ ─ ─ ─ ─ ─ ─ ─ ─ ┐      请声明数码管的位选线
    └ ─ ─ ─ ─ ─ ─ ─ ─ ─ ─ ┘
    void xianshi( );  //声明显示子函数
    void main( )     //主函数
    {
    ┌ ─ ─ ─ ─ ─ ─ ─ ─ ─ ─ ┐      请调用显示子函数
    └ ─ ─ ─ ─ ─ ─ ─ ─ ─ ─ ┘
    while(1);  //死循环
    }
    void xianshi( )    //显示子函数
    {
    ┌ ─ ─ ─ ─ ─ ─ ─ ─ ─ ─ ┐      请选通数码管要显示的位，
    │                    │      并将你的字形码送到P0口
    └ ─ ─ ─ ─ ─ ─ ─ ─ ─ ─ ┘
    }
```

经验证，我的字形码	正确□ 不正确□	不正确的原因	

2. 在 XL400 开发板的任意两个数码管上显示相同的数字, 并填写表 4-5。

表 4-5 XL400 中两位数码管显示相同的数字

显示位置 ("填"位 7~位 0"中的任两位)		对应的位码 (总线操作法)	显示的数字
/*我的显示子函数*/ 　　void xianshi()　//显示子函数 　　{ 　　 　　}　　　　请选通数码管要显示的位, 并将你的字形码送到 P0 口			
经验证, 显示	正确□ 不正确□	不正确的原因	

三、数码管动态显示编程实例

下面, 我们以 XL400 上的数码管为例, 说明实现 2 位或多位数码管显示不同的数字的方法。

例程 4-3 实现数码管 "位 7 和位 6" 稳定显示数字 32。

前面我们知道了让数码管稳定显示一个数字的方法, 其流程是 "选通数码管 (简称开门) —送字形码 (简称送数)", 据此方法, 我们可以想象, 实现位 7 和位 6 显示 "32", 会不会是先让 "位 7" 显示 "3" 一段时间, 再让 "位 6" 显示 "2" 一段时间, 再循环呢? 的确是这样, 只是延时时间的长短很重要, 它会影响到显示的效果。

(1) 显示流程, 如图 4-18 所示。

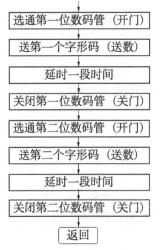

轮流向各位数码管送出相应的位选和字形码, 当轮流的速度足够快时, 由于发光二极管的余辉和人眼的视觉暂留作用, 人眼便感觉好像各位数码管同时显示了。——动态显示

延时时间的长短很重要, 一般 1~5ms 较合适

数码管动态显示编程示例

图 4-18 数码管动态显示流程

116

（2）参考程序的组建方法，如图 4 - 19 所示。

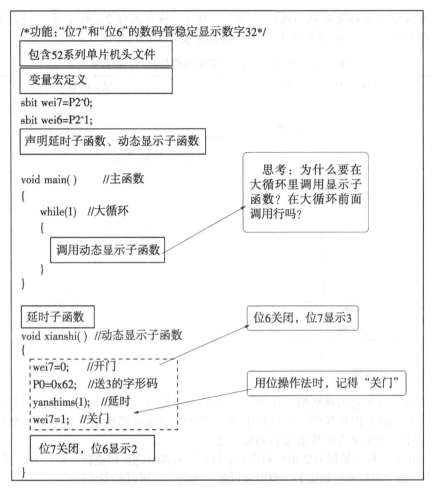

图 4 - 19 例程 4 - 3 程序的组建方法

试试增大图 4 - 19 中的延时时间，观察显示效果有何变化？

如果用总线操作法写子函数，则该显示子函数可以写作如图 4 - 20 所示。

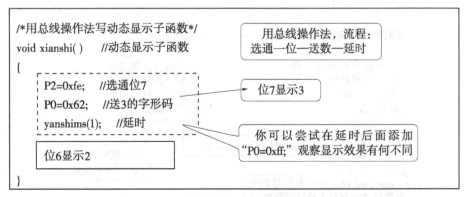

图 4 - 20 用总线操作法写动态子函数方法

做一做

实现 XL400 中数码管的相邻两位（比如：位 1、位 0 或位 2、位 1 等）稳定显示两个不同的十进制代码（比如：86 或 95 等），记录在表 4-6 中。

表 4-6　XL400 中相邻两位数码管显示不同的数字

显示位置（XL400 中任意相邻两位）	显示的数字

/*我的显示子函数*/
　　void xianshi( )　//显示子函数
　　{
 	
显示十位
 	
显示个位
 	
　　}	

经验证，显示	正确□	不正确的原因	
	不正确□		

四、数组的定义及应用

写程序时，时常会用到数组，比如，写显示子函数时，如果每送一个字形都要去查找其编码，会大大降低编程效率，也容易出错。如果能正确应用数组，则可以避免这样的问题。下面通过一些实例说明数组及其调用方法。

（1）数组是一种由数据类型相同的若干个数据元素构成的数据集合，集合中的所有元素引用同一名称，这个名称就是数组名。数组可以是一维的，也可以是多维的。

（2）定义一个一维数组的方法，如图 4-21、图 4-22 所示。

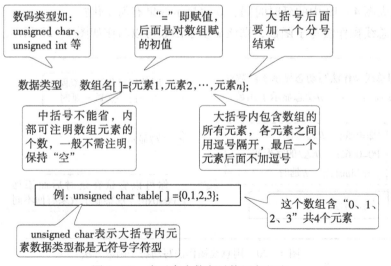

图 4-21　当元素为数字时数组定义法

118

数据类型 数组名[ ]="元素1元素2…元素n";
双引号后面要加一个分号结束
中括号不能省，内部可注明数组元素的个数，一般不需注明，保持"空"
双引号内包含数组的所有元素，各元素之间不需用标点符号隔开
例：unsigned char table1[ ]="Welcome to our school!";

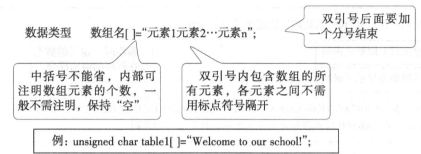

图 4－22 当元素为字符时数组定义法

（3）调用数组的方法。

例：取出数组"unsigned char table[ ] = {0, 1, 2, 3};"中的第二个元素"1"赋给变量 a，方法为：a = table[1]；取出数组"unsigned char table1[ ] ="Welcome to our school!";"中的第一个元素"W"并赋给变量 b，方法为：b = table1[0]，如图 4－23 所示。

数组中括号内元素的编号是从0开始的，对应大括号内左边第一个元素。
a=table[1];
取出数组table中的第二个元素赋给变量a
b=table1[0];
取出数组table1中的第一个元素赋给变量b

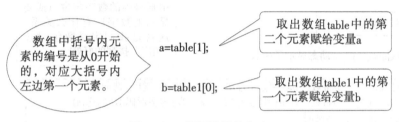

图 4－23 调用数组的方法

（4）将数码管的字形码和位码分别定义成数组，假设其名称分别为"shu"和"wei"，并且用"uchar"表示无符号字符型变量，那么，可用图 4－24 所示的方法进行定义。

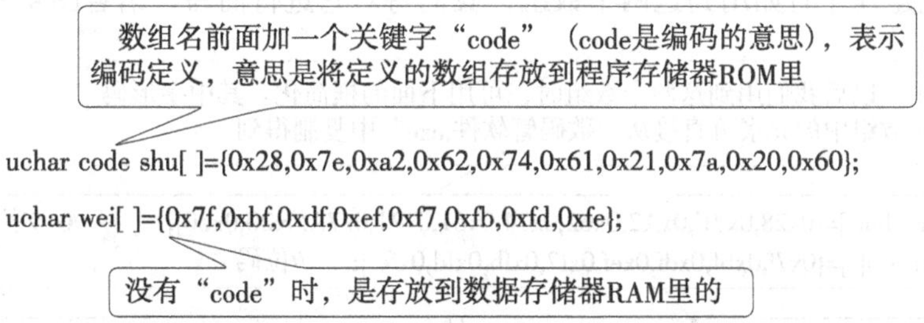

数组名前面加一个关键字"code"（code是编码的意思），表示编码定义，意思是将定义的数组存放到程序存储器ROM里
uchar code shu[ ]={0x28,0x7e,0xa2,0x62,0x74,0x61,0x21,0x7a,0x20,0x60};
uchar wei[ ]={0x7f,0xbf,0xdf,0xef,0xf7,0xfb,0xfd,0xfe};
没有"code"时，是存放到数据存储器RAM里的

图 4－24 分别用数组表示数码管的字形码和位码

例程 4－4 应用数组和总线操作法实现例程 4－3 同样的功能。

参考程序的组建方法如图 4－25 所示。

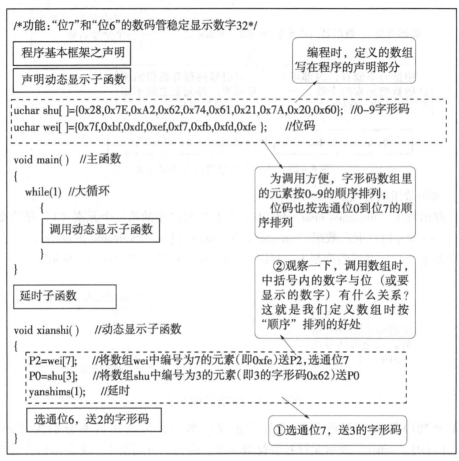

图4-25　例程4-4参考程序的组建方法

以后在组建程序时如用到这两个数组，我们将对它进行简写，请看图4-26的说明。

图4-26　关于XL400中数码管字形码和位码数组的简写说明

 做一做

模仿例程4-4，应用数组对你的动态显示程序进行优化，实现相同的功能。

五、两位数的分离及应用

1. 方法

假设num是一个两位的十进制数，它的十位数字为shi，个位数字为ge。在用C语言编程时，可以用下面两个语句将其十位和个位分离出来：

shi = num/10；//求模运算，num 对 10 求模，即求出 num 除以 10 后的"商"；

ge = num%10；//求余运算，num 对 10 求余，即求出 num 除以 10 后的"余数"。

例：num = 25，可按图 4 - 27 的方法分离出其个位"5"和十位"2"。

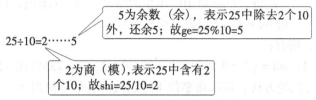

$$25 \div 10 = 2 \cdots\cdots 5$$

5为余数（余），表示25中除去2个10外，还余5；故ge=25%10=5

2为商（模），表示25中含有2个10；故shi=25/10=2

图 4 - 27 两位十进制数的十位与个位分离过程

编程时，只需写出求模、求余语句，并不需要我们去计算。

语句中的 num、shi、ge 都表示变量，可以用其他字母表示。

2. 应用实例

例程 4 - 5 应用十、个位分离法实现例程 4 - 3 同样的功能。

参考程序的组建方法如图 4 - 28 所示。

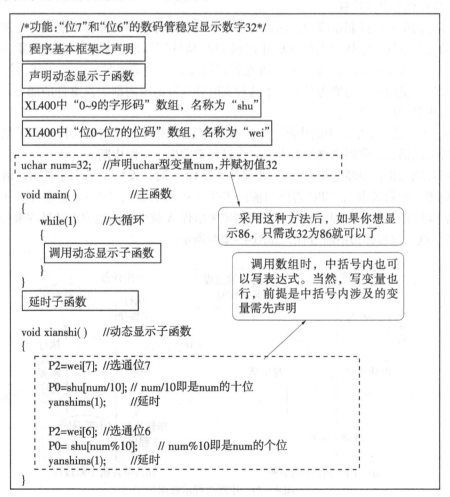

```
/*功能:"位7"和"位6"的数码管稳定显示数字32*/

  程序基本框架之声明

  声明动态显示子函数

 XL400中"0~9的字形码"数组，名称为"shu"

 XL400中"位0~位7的位码"数组，名称为"wei"

 uchar num=32;   //声明uchar型变量num,并赋初值32

 void main( )        //主函数
 {
     while(1)        //大循环
     {
       调用动态显示子函数
     }
 }

  延时子函数

 void xianshi( )    //动态显示子函数
 {
     P2=wei[7]; //选通位7
     P0=shu[num/10]; // num/10即是num的十位
     yanshims(1);      //延时

     P2=wei[6]; //选通位6
     P0= shu[num%10];    // num%10即是num的个位
     yanshims(1);      //延时
 }
```

采用这种方法后，如果你想显示86，只需改32为86就可以了

调用数组时，中括号内也可以写表达式。当然，写变量也行，前提是中括号内涉及的变量需先声明

图 4 - 28 例程 4 - 5 参考程序的组建方法

3. 将一个多位十进制数的各位分离

如果 num 是一个三位十进制数，则可以用下面的方法将其百位"bai"、十位"shi"、个位"ge"分离：

bai = num/100　　//先对 100 求模，得到百位

shi = num%100/10　　//将"num 对 100 求余的结果"对 10 求模，得到十位

ge = num%/10　　//将 num 对 10 求余，得到个位

例：num = 235，则有：

bai = 235/100 = 2；shi = (235%100)/10 = 35/10 = 3；ge = 235%10 = 5

如果需要，用类似的方法，可以将多位十进制数的各位分离出来。

 做一做

尝试将你要显示的两位数的十位和个位分离，继续改进你的程序，实现相同的功能（可以模仿例程 4 - 5，也可以用其他合适的方法）。

六、单片机中断应用基础

1. 单片机的中断过程

在实际的单片机控制系统中，通常要求单片机在执行任务的过程中能实时处理一些随机发生的突发事件，比如，当单片机在控制 LED 持续闪烁的过程中，也监测紧急按键的情况，当紧急按键按下时，要求单片机先处理该按键对应的事件，然后再回来控制 LED 闪烁。而单片机的中断功能为其提供了这种实时处理外部或内部突发事件的能力，这也是单片机最重要的应用之一。

图 4 - 29a 是一个生活中的中断例子。你在家里看书时，听到电话铃响，于是你去接电话，听完电话后，你回来继续看书。这个过程就发生了一次中断。

对单片机来说，中断是指 CPU 在处理某一事件 A 时，发生了另一事件 B，请求 CPU 迅速去处理（中断请求）；CPU 暂停当前的工作（中断响应），转去处理事件 B（中断服务）；待 CPU 将事件 B 处理完毕后，再回到原来事件 A 被中断的地方继续处理事件 A（中断返回）。这一过程称为中断过程，如图 4 - 29b 所示。

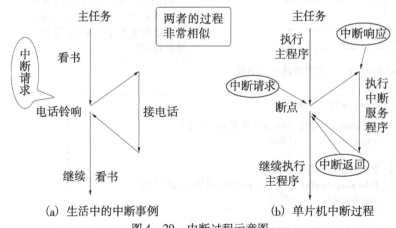

(a) 生活中的中断事例　　　　(b) 单片机中断过程

图 4 - 29　中断过程示意图

2. AT89S52 单片机的中断源

AT89S52 单片机共有 6 个中断源,分别是:

(1) 内部中断源 (4 个)。

①T0:定时/计数器 0,当 T0 加 1 计数溢出时,置 TCON 寄存器的 TF0 位为 1,向 CPU 申请中断。

②T1:定时/计数器 1,当 T1 加 1 计数溢出时,置 TCON 寄存器的 TF1 位为 1,向 CPU 申请中断。

③T2:定时/计数器 2,当 T2 加 1 计数溢出时,向 CPU 申请中断。

④TI/RI:串行口发送 (TXD) 及接收 (RXD) 中断,串行口完成一帧字符发送/接收后,置 SCON 的 TI/RI 位为 1,从而向 CPU 申请中断。

(2) 外部中断源 (2 个)。

①外部中断 0:由 P3.2 口接入,低电平或下降沿触发。

②外部中断 1:由 P3.3 口接入,低电平或下降沿触发。

在以上各种情况发生时,有可能会使单片机转去处理中断服务程序。其中,T2 中断是 52 单片机特有的。

3. 中断入口地址及默认中断优先级

CPU 响应某个中断事件时,将会自动转入固定的地址执行中断服务程序/函数,各个中断源的中断入口地址及默认优先级别 (也叫自然优先级) 见表 4 - 7。

表 4 - 7 各中断源的入口地址及默认优先级

中 断 源	序号 (C 语言用)	默认中断级别
$\overline{INT0}$——外部中断 0	0	最高
T0——定时/计数器 0 溢出中断	1	第 2
$\overline{INT1}$——外部中断 1	2	第 3
T1——定时/计数器 1 溢出中断	3	第 4
TI/RI——串行口中断	4	第 5
T2——定时/计数器 2 溢出中断	5	最低

七、定时/计数器的应用与编程 (工作方式一)

学习了前面的基础知识,就可以制作秒表了。下面我们就用单片机来构建一个 60s 秒表。

秒表用到两位数码管 (十位和个位)。其中数码管与单片机的连接如图 4 - 9 所示,段选线 (a 到 g、dp) 接 P0 口各位,假设十位和个位数码管的位选线分别接 P2.0 和 P2.1。

例程 4 - 6 试编程实现该秒表的功能,具体要求如下:

(1) 用两位数码管对时间进行显示;

(2) 上电后,秒表从 0 开始计数,每过 1s,数码管显示数字加 1,当计满 59s 后,再过1s，数码管个位和十位同时清零，重新开始计数。

1. 任务分析（如图4-30所示）

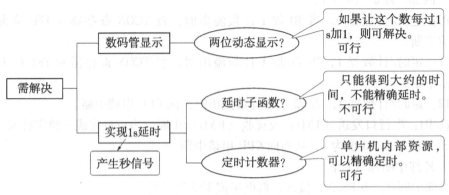

图4-30　任务分析

那么，如何使用定时/计数器呢？下面，就给大家介绍一下吧！

2. 定时/计数器的应用基础

（1）定时/计数器的功能如图4-31所示。

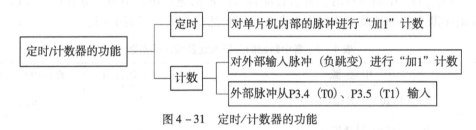

图4-31　定时/计数器的功能

（2）定时/计数器中断相关寄存器。

①中断允许控制寄存器IE各相关位说明，如图4-32所示。

中断允许控制寄
存器IE的设置

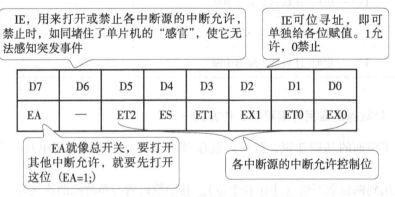

图4-32　中断允许控制寄存器IE各位说明

说明：

● EA：中断允许总控制位。

● EX0：外部中断0中断允许控制位。

- EX1：外部中断 1 中断允许控制位。
- ET0：定时/计数器 0 中断允许控制位。
- ET1：定时/计数器 1 中断允许控制位。
- ES：串行口中断允许控制位。
- ET2：定时/计数器 2 中断允许控制位。

各位设置为 1 时允许中断，设置为 0 时禁止中断。

 做一做

现因编程需要开放外部中断 0 和定时器 T0 中断，禁止其他中断源中断，请你对照"中断允许控制寄存器 IE"的说明，尝试对 IE 进行设置，记录于表 4-8 中。

表 4-8　开放外部中断 0 和定时器 T0 中断的 IE 设置

要　求	允许外部中断 0 和定时器 T0 中断，禁止其他中断源中断	
IE 设置（括号内填 1 或 0）	EA（　　）；ET2（　　）；ES（　　）；ET1（　　）；EX1（　　）； ET0（　　）；EX0（　　）	
能否位寻址（打√）	能□	实现语句
	不能□	

②定时/计数器控制寄存器 TCON 各相关位说明，如图 4-33 所示。

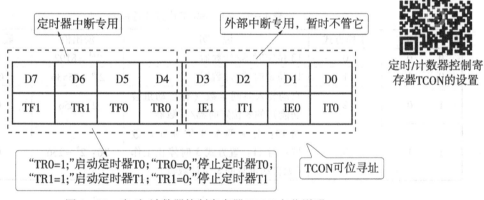

图 4-33　定时/计数器控制寄存器 TCON 各位说明

定时/计数器控制寄存器TCON的设置

说明：

- TR1、TR0：T1、T0 的启动控制位，"置 1"启动，"清 0"停止。
- TF1、TF0：T1、T0 的溢出标志位。

③定时/计数器方式控制寄存器 TMOD 各位说明，如图 4-34 所示。

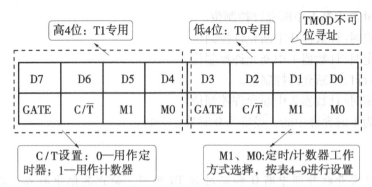

图4-34 定时/计数器方式控制寄存器TMOD

说明:

* M1、M0:定时器/计数器四种工作方式选择,见表4-9。
* C/T定时器方式或计数器方式选择位。C/$\overline{\text{T}}$ =1时,为计数器方式;C/$\overline{\text{T}}$ =0时,为定时器方式。
* GATE:定时器/计数器运行控制位,用来确定对应的外部中断请求引脚($\overline{\text{INT0}}$,$\overline{\text{INT1}}$)是否参与T0或T1的操作控制。当GATE=0时,只要定时器控制寄存器TCON中的TR0(或TR1)被置1,T0(或T1)就被允许开始计数;当GATE=1时,不仅要TCON中的TR0或TR1置1,还需要P3口的$\overline{\text{INT0}}$或$\overline{\text{INT1}}$引脚为高电平,才允许计数。

定时/计数器方式控制
寄存器TMOD的设置

表4-9 M1、M0工作方式选择表

M1	M0	工作方式	说 明	溢出值	最大定时时间
0	0	0	13位定时器/计数器	2^{13} =8192	8.192ms
0	1	1	16位定时器/计数器	2^{16} =65536	65.536ms
1	0	2	自动装入时间常数(有自动重装功能)的8位定时器/计数器	2^8 =256	0.256ms
1	1	3	对T0:分为两个8位独立计数器;对T1:置方式3时停止工作(无自动重装的8位计数器)	T0:2^8 =256	0.256ms

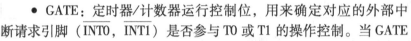 做一做

现因编程需要设置"定时/计数器T1工作于定时方式1,并且该定时/计数器的启动与否仅由TR1控制",请对照"定时/计数器方式控制寄存器TMOD各位说明",对TMOD进行设置,并记录于表4-10中。

表4-10 尝试对TMOD进行设置

要 求	T1工作于定时方式1,由TR1直接启动	
应设置(右边打√)	高4位□;低4位□;其余4位可设置为0	
各位设置(0、1或其组合)	GATE( );C/$\overline{\text{T}}$( );M1M0( )	
能否位寻址(打√)	能□	实现语句
	不能□	

（3）单片机时钟周期与机器周期。

①时钟周期也称振荡周期，为时钟频率的倒数。

②机器周期是单片机的基本操作周期，一个机器周期等于 12 个时钟周期。

例：单片机采用 12MHz 的晶振（$f_{osc} = 12MHz$），则其机器周期 T_{cy} 为：

$$T_{cy} = 12 \times \frac{1}{12MHz} = 10^{-6}s = 1\mu s$$

（4）定时/计数器应用的编程方法，如图 4-35 所示。

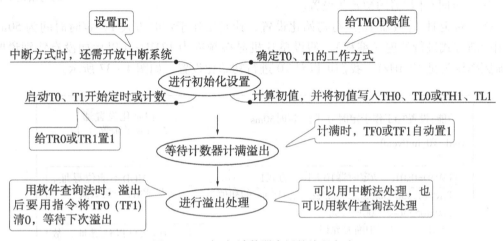

图 4-35 定时/计数器应用的编程方法

（5）定时/计数器初值的计算。

定时器一旦启动，它便从 TH0（或 TH1）、TL0（或 TL1）原来的数值开始加 1 计数，若在程序开始时，没有设置 TH0（或 TH1）和 TL0（或 TL1），它们的默认值都是 0，假设定时/计数器工作于定时方式 1，单片机的时钟频率为 12MHz，12 个时钟周期为一个机器周期，则此时的机器周期就是 $1\mu s$，计满 TH0（或 TH1）和 TL0（或 TL1）就需要 $2^{16} - 1$ 个数（脉冲），再来一个脉冲，计数器溢出，随即向 CPU 申请中断。因此，溢出一次共需 $65536\mu s$，约等于 65.5ms，如果要定时 50ms 的话，那么就需要给 TH0（或 TH1）和 TL0（或 TL1）先装一个初值，在这个初值的基础上计 50000 个数后，定时器溢出，此时刚好就是 50ms 中断一次。

要计 50000 个数就溢出，则 TH0（或 TH1）和 TL0（或 TL1）应装入的总数是 65536 -50000 = 15536，把 15536 对 256 求模：15536/256 = 60 装入 TH0（或 TH1）中；把 15536 对 256 求余：15536%256 = 176 装入 TL0（或 TL1）中即可。

综上，可总结出，当用定时器的工作方式 1 时，设机器周期为 T_{cy}，定时器产生一次中断的时间为 t，那么需要计的数是 $N = t/T_{cy}$，装入 TH0（或 TH1）和 TL0（或 TL1）的初值分别如图 4-36 所示。

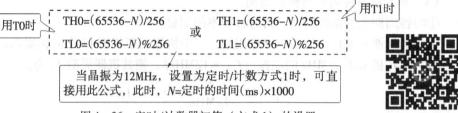

用T0时
$$TH0=(65536-N)/256$$
$$TL0=(65536-N)\%256$$

或

用T1时
$$TH1=(65536-N)/256$$
$$TL1=(65536-N)\%256$$

当晶振为12MHz，设置为定时/计数方式1时，可直接用此公式，此时，$N=$定时的时间（ms）×1000

图4-36　定时/计数器初值（方式1）的设置

定时/计数器中断
的初始化设置

（6）定时/计数器的初始化设置。

例：对定时/计数器T0进行初始化设置，让它工作于定时方式1，定时时间为50ms，采用中断方式进行处理（编程）。假设单片机晶振频率为12MHz（以后如没有特别说明，晶振频率认为是12MHz）。我们可以对T0进行初始化设置，如图4-37所示。

```
//功能:设置T0工作于定时方式1，定时50ms
void  T0_init(void)
{
    TMOD=0x01;    //定时器T0工作于方式1
    TH0=(65536-50000)/256; //装入定时50ms的初值
    TL0=(65536-50000)% 256 ;
    EA=1;         //开中断总允许
    ET0=1;        //开定时/计数器T0中断
    TR0=1;        //启动定时/计数器T0
}
```

初始化设置通常写成子函数

TMOD不能位寻址，只能8位一起赋值

IE、TCON可以位寻址，故能单独对用到的位EA、ET0、TR0赋值

图4-37　定时/计数器T0初始化示例

做一做

试根据图4-38中的流程补充语句，对定时/计数器T1进行初始化设置。

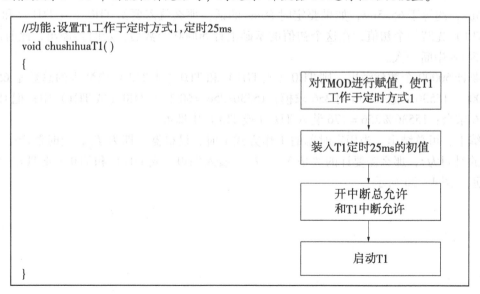

```
//功能:设置T1工作于定时方式1,定时25ms
void chushihuaT1( )
{



}
```

对TMOD进行赋值，使T1工作于定时方式1

装入T1定时25ms的初值

开中断总允许和T1中断允许

启动T1

图4-38　根据流程对T1进行初始化设置

（7）定时/计数器中断服务函数的格式。

①中断服务函数的一般格式，如图4-39所示。

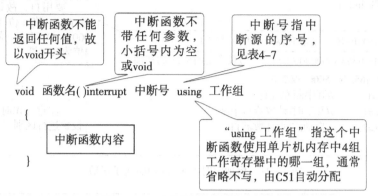

图4-39 中断服务函数的一般格式

②定时/计数器中断服务函数的格式示例。

例：用定时器T0的方式1定时50ms，其中断服务函数可写成如图4-40所示。

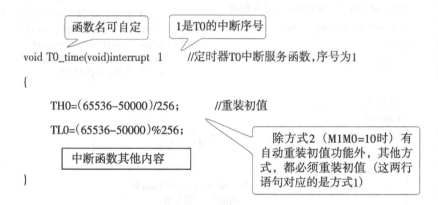

图4-40 定时/计数器中断服务函数的格式示例

3．编程实现任务要求

（1）第一步：写程序基本框架，编译，排除错误。此处略。

（2）第二步：添加显示功能，编译，排除错误。完成后见图4-28。

（3）第三步：添加计数功能，产生"1s"信号。

选择一个定时器（T0或T1），若用中断方式编程，增加定时器初始化子函数和中断服务函数（注：中断服务函数不需声明）。这里，我们选择T1，以定时方式1，每50ms中断一次。分别增加其初始化子函数和中断服务函数，如图4-41和图4-42所示。

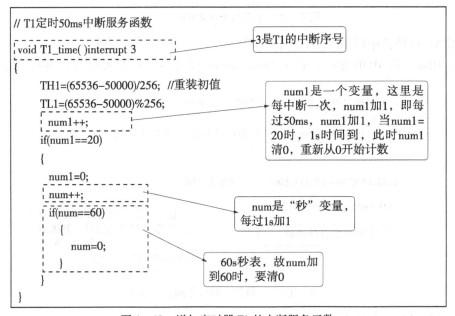

```
//设置T1工作于定时方式1,定时50ms

void  T1_init( )

{
    TMOD=0x10;    //定时器T1工作于方式1
    TH1=(65536-50000)/256;        //装入定时50ms的初值
    TL1=(65536-50000)%256;
    EA=1;        //开中断总允许
    ET1=1;       //开定时/计数器T1中断
    TR1=1;       //启动定时/计数器T1
}
```

要用T1,故设置TMOD高4位为0001;T0不用,低4位为0000即可

注意与T0时的设置进行区别

图4-41 增加定时器T1的初始化子函数

```
// T1定时50ms中断服务函数

void T1_time( )interrupt 3

{
    TH1=(65536-50000)/256;  //重装初值
    TL1=(65536-50000)%256;
    num1++;
    if(num1==20)
    {
     num1=0;
     num++;
     if(num==60)
        {
          num=0;
        }
    }
}
```

3是T1的中断序号

num1是一个变量,这里是每中断一次,num1加1,即每过50ms,num1加1,当num1=20时,1s时间到,此时num1清0,重新从0开始计数

num是"秒"变量,每过1s加1

60s秒表,故num加到60时,要清0

图4-42 增加定时器T1的中断服务函数

（4）第四步，完善程序声明部分及主函数。

完成后，程序组建方法（例程4-6）如图4-43～图4-45所示。

130

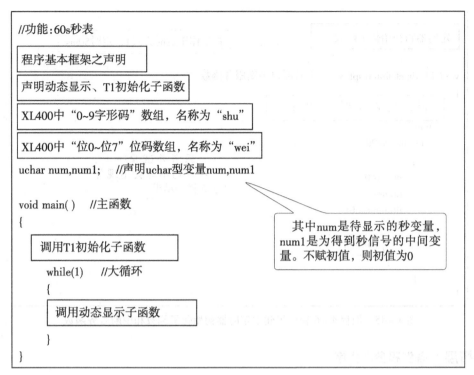

//功能:60s秒表

程序基本框架之声明

声明动态显示、T1初始化子函数

XL400中"0~9字形码"数组,名称为"shu"

XL400中"位0~位7"位码数组,名称为"wei"

uchar num,num1;   //声明uchar型变量num,num1

void main( )   //主函数
{

调用T1初始化子函数

    while(1)   //大循环
    {

调用动态显示子函数

    }
}

> 其中num是待显示的秒变量,num1是为得到秒信号的中间变量。不赋初值,则初值为0

图4-43 例程4-6程序组建之声明部分和主函数

延时子函数

```
void xianshi( ) //动态显示子函数
{
    P2=wei[7];    //选通位7
    P0=shu[num/10];    //显示秒的十位
    yanshims(1);    //延时
    P0=0xff;    //消隐
    P2=wei[6];    //选通位6
    P0= shu[num%10];    // 显示秒的个位
    yanshims(1);    //延时
    P0=0xff;    //消隐
}
```

图4-44 例程4-6程序组建之延时子函数和显示子函数

```
      定时器T1初始化子函数                     T1工作于定时方式1，定时50ms

  void T1_time( )interrupt 3    //定时器T1中断服务函数
  {
         重装定时器T1定时50ms初值
         num1++;
           if(num1==20)
             {
                num1=0;
                num++;
                if(num==60)
                   {
                     num=0;
                   }
             }
         }
  }
```

思考并试验一下，这一句不写会出现什么样的结果？

图4-45 例程4-6程序组建之定时器初始化子函数和中断服务函数

认知拓展 各例程参考程序

1. 例程4-1参考程序
// 功能："位7"的数码管显示数字3
#include<reg52.h> // 包含52系列单片机的头文件
sbit wei7=P2^0; // 声明单片机P2口的第0位
void xianshi( ); // 声明显示子函数

void main( ) // 主函数
{
   xianshi( ); // 调用显示子函数
   while(1); // 死循环
}

void xianshi( ) // 显示子函数
{
   wei7=0; // 选通位7的数码管
   P0=0x62; // 送3的字形码
}

2. 例程4-2参考程序
// 功能："位7"和"位6"的数码管显示数字33
#include<reg52.h> // 包含52系列单片机的头文件
void xianshi( ); // 声明显示子函数

```
void main( )      // 主函数
{
    xianshi( );   // 调用显示子函数
    while(1);    // 死循环
}


void xianshi( )    // 显示子函数
{
    P2=0xfc;    // 选通位7和位6的数码管
    P0=0x62;    // 送3的字形码
}
```

3. 例程4-3参考程序

```
// 功能："位7"和"位6"的数码管稳定显示数字32
#include<reg52.h>    // 包含52系列单片机的头文件
#define uint unsigned int
#define uchar unsigned char
sbit wei7=P2^0;
sbit wei6=P2^1;
void yanshims(uint t);
void xianshi( );   // 声明显示子函数


void main( )      // 主函数
{
    while(1)    // 大循环
    {
        xianshi( );   // 调用显示子函数
    }
}


void yanshims(uint t)
{
    uint i,j;
    for(i=t;i>0;i--)
        for(j=112;j>0;j--);
}
```

```c
void xianshi( )    // 动态显示子函数
{
    wei7=0;    // 开门
    P0=0x62;    // 送3的字形码
    yanshims(1);    // 延时
    wei7=1;    // 关门

    wei6=0;    // 开门
    P0=0xa2;    // 送2的字形码
    yanshims(1);    // 延时
    wei6=1;    // 关门
}
```

4. 例程4-4参考程序

```c
// 功能："位7"和"位6"的数码管稳定显示数字32
#include<reg52.h>    // 包含52系列单片机的头文件
#define uint unsigned int
#define uchar unsigned char
void yanshims(uint t);
void xianshi( );    // 声明显示子函数
uchar shu[ ]={0x28,0x7E,0xA2,0x62,0x74,0x61,0x21,0x7A,0x20,0x60};    // 0-9字形码
uchar wei[ ]={0x7f,0xbf,0xdf,0xef,0xf7,0xfb,0xfd,0xfe };    // 位码

void main( )     // 主函数
{
    while(1)    // 大循环
    {
        xianshi( );    // 调用显示子函数
    }
}

void yanshims(uint t)
{
    uint i,j;
    for(i=t;i>0;i--)
        for(j=112;j>0;j--);
}
```

```
void xianshi( )    //动态显示子函数
{
    P2=wei[7];     //将数组wei中编号为7的元素（即0xfe）送P2，选通位7
    P0=shu[3];     //将数组shu中编号为3的元素（即3的字形码0x62）送P0
    yanshims(1);   //延时

    P2=wei[6];     //选通位6
    P0= shu[2];    //送2的字形码
    yanshims(1);   //延时
}
```

5. 例程4-5参考程序

```
//功能："位7"和"位6"的数码管稳定显示数字32
#include<reg52.h>    //包含52系列单片机的头文件
#define uint unsigned int
#define uchar unsigned char
void yanshims(uint t);
void xianshi( );     //声明显示子函数
uchar shu[]={0x28,0x7E,0xA2,0x62,0x74,0x61,0x21,0x7A,0x20,0x60};    //0-9字形码
uchar wei[]={0x7f,0xbf,0xdf,0xef,0xf7,0xfb,0xfd,0xfe };    //位码
uchar num=32;    //声明uchar型变量num，并赋初值32

void main( )     //主函数
{
    while(1)     //大循环
    {
        xianshi( );    //调用显示子函数
    }
}

void yanshims(uint t)
{
    uint i,j;
    for(i=t;i>0;i--)
        for(j=112;j>0;j--);
}

void xianshi( )    //动态显示子函数
```

```
{
    P2=wei[7];   // 选通位7
    P0=shu[num/10];      // num/10即是num的十位
    yanshims(1);   // 延时

    P2=wei[6];   // 选通位6
    P0= shu[num%10];      // num%10即是num的个位
    yanshims(1);   // 延时
}
```

6. 例程4-6参考程序

```
// 功能：60秒秒表
#include<reg52.h>   // 包含52系列单片机的头文件
#define uint unsigned int
#define uchar unsigned char
void yanshims(uint t);
void xianshi( );   // 声明显示子函数
void T1_init( );   // 声明T1初始化子函数
uchar shu[]={0x28,0x7E,0xA2,0x62,0x74,0x61,0x21,0x7A,0x20,0x60};   // 0-9字形码
uchar wei[]={0x7f,0xbf,0xdf,0xef,0xf7,0xfb,0xfd,0xfe };   // 位码
uchar num,num1;   // 声明uchar型变量num,num1

void main( )     // 主函数
{
    T1_init( );
    while(1)   // 大循环
    {
        xianshi( );   // 调用显示子函数
    }
}

void yanshims(uint t)   // 毫秒级延时子函数
{
    uint i,j;
    for(i=t;i>0;i--)
        for(j=112;j>0;j--);
}
```

```
void xianshi( )    // 动态显示子函数
{
    P2=wei[7];    // 选通位7
    P0=shu[num/10];    // 显示秒的十位
    yanshims(1);    // 延时
    P0=0xff;    // 消隐
    P2=wei[6];    // 选通位6
    P0= shu[num%10];        // 显示秒的个位
    yanshims(1);    // 延时
    P0=0xff;    // 消隐
}


void  T1_init( )    // 定时器T1初始化子函数
{
    TMOD=0x10;    // 定时器T1工作于方式1
    TH1=(65536−50000)/256;    // 装入定时50ms的初值
    TL1=(65536−50000)% 256 ;
    EA=1;        // 开中断总允许
    ET1=1;        // 开定时/计数器T1中断
    TR1=1;        // 启动定时/计数器T1
}


void  T1_time( )interrupt  3     // 定时器T1中断服务函数
{
    TH1=(65536−50000)/256;    // 重装初值
    TL1=(65536−50000)%256;
    num1++;
    if(num1==20)
     {
         num1=0;
         num++;
         if(num==60)
          {
                 num=0;
          }
     }
}
```

应用拓展1 数码管与定时器综合应用实例——实现计时电子钟

例程4-7 在 XL400 上制作一个计时电子钟。

1. 控制要求

（1）8 位数码管显示 ××-××-××，如 08-25-20，表示 8 时 25 分 20 秒，显示时间格式为 24 小时制。

（2）上电后，数码管从 00-00-00 至 23-59-59 循环计时显示。

（3）秒信号每秒加 1，秒计到 59 秒后，再过 1 秒，秒清 0，分加 1。

（4）分计到 59 分后，再过 1 分，分清 0，时加 1。

（5）时计到 23 小时后，再过 1 小时，时、分、秒清 0，重新开始。

2. 分析

（1）时、分、秒是按一定的进制变化的，都与秒有关，60 秒进一分，60 分进一时，24 小时为一个计时显示周期。因此，我们可以分别设置"秒""分""时"变量，并将"进制"规律放在定时器中断服务函数中完成。

（2）显示的位数较多，共有 8 位，其中位 5 和位 3 显示"-"是不随时间变化的，其他位随时间变化。从左到右位置规律是：时十位时个位-分十位分个位-秒十位秒个位。我们可以创建一个缓冲数组来表示这种位置关系，再根据元素的位置对数组元素分别进行赋值，最后在显示子函数中对 8 位进行动态显示，提高编程效率。

参考程序的组建方法如图 4-46 至图 4-49 所示。

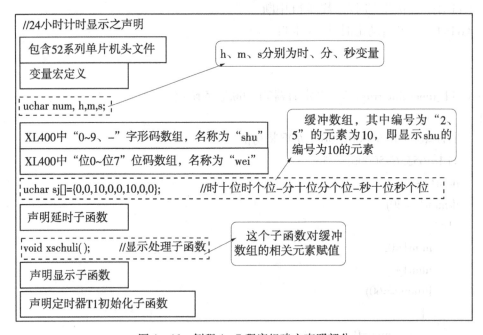

图 4-46 例程 4-7 程序组建之声明部分

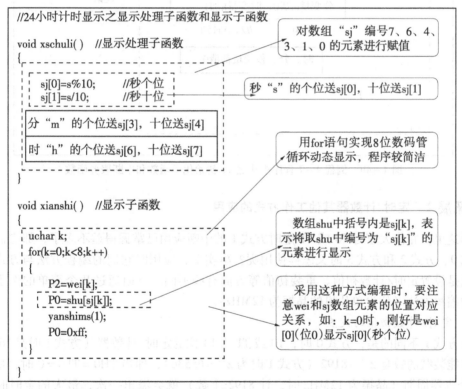

```
//24小时计时显示之主函数与ms级延时子函数
void main( )
{
    调用定时器T1初始化子函数
    while(1)
    {
        调用显示处理子函数
        调用显示子函数
    }
}
延时子函数
```

图4-47 例程4-7程序组建之主函数与延时子函数

```
//24小时计时显示之显示处理子函数和显示子函数
void xschuli( )    //显示处理子函数
{
    sj[0]=s%10;      //秒个位
    sj[1]=s/10;      //秒十位
    分"m"的个位送sj[3]，十位送sj[4]
    时"h"的个位送sj[6]，十位送sj[7]
}

void xianshi( )    //显示子函数
{
    uchar k;
    for(k=0;k<8;k++)
    {
        P2=wei[k];
        P0=shu[sj[k]];
        yanshims(1);
        P0=0xff;
    }
}
```

对数组"sj"编号7、6、4、3、1、0的元素进行赋值

秒"s"的个位送sj[0]，十位送sj[1]

用for语句实现8位数码管循环动态显示，程序较简洁

数组shu中括号内是sj[k]，表示将取shu中编号为"sj[k]"的元素进行显示

采用这种方式编程时，要注意wei和sj数组元素的位置对应关系，如：k=0时，刚好是wei[0](位0)显示sj[0](秒个位)

图4-48 例程4-7程序组建之显示处理子函数和显示子函数

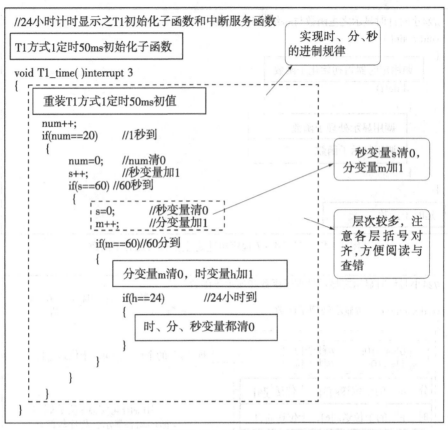

图 4－49　例程 4－7 程序组建之 T1 初始化子函数和中断服务函数

应用拓展2　**定时/计数器其他工作方式的应用**

到这里，相信大家对 T0 或 T1 定时方式 1 的中断应用已掌握得差不多了，那它们工作于方式 0、方式 2 和方式 3 时又怎样使用呢？事实上，应用时它们的编程方法与方式 1 相似，只是设置定时/计数初值、重装初值等方面有些不同。下面通过几个简单的例子说明它们的编程方法（假设单片机的晶振为 12MHz）。

1．**定时/计数初值的设置**

与方式 1 不同的是，方式 0 时，T0 或 T1 为 13 位的定时/计数器（方式 1 时是 16 位），它最多能装载的数是 $2^{13} = 8192$（方式 1 时为 $2^{16} = 65536$），即当 TH0 = TL0 = 0 时，最多经 8192 个机器周期（晶振为 12MHz 时，计 8192 个数）就会溢出一次，最大的定时时间是 8.192ms；方式 2 时，T0 或 T1 为 8 位的定时/计数器，它最多能装载的数是 $2^8 = 256$，即当 TH0 = TL0 = 0 时，最多经 256 个机器周期就会溢出一次，最大的定时时间是 0.256ms；方式 3 时，T1 不计数，T0 分为 2 个独立的 8 位定时/计数器，其最大的定时时间是 0.256ms。

因此，各种方式下定时初值的设置不同，应按图 4－50、图 4－51、图 4－52 设置。

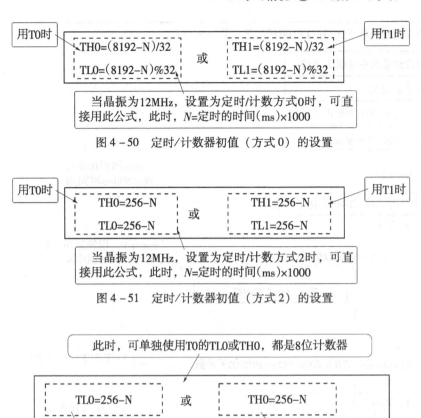

图4-50 定时/计数器初值（方式0）的设置

图4-51 定时/计数器初值（方式2）的设置

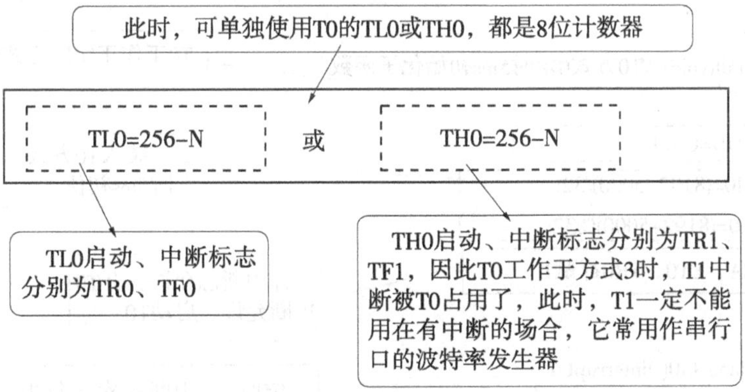

图4-52 定时/计数器初值（方式3）的设置

2. 应用实例

例程4-8 在 XL400 上，利用 T0 工作方式 0，使接于 P0 口的 LED 以 500ms 的间隔持续闪烁。

参考程序组建方法如图4-53所示。

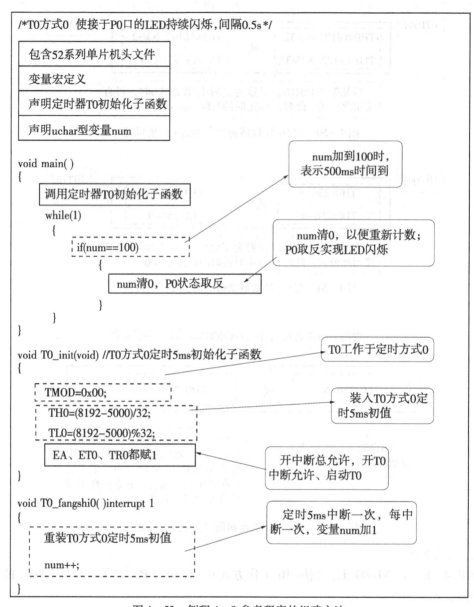

图 4 - 53 例程 4 - 8 参考程序的组建方法

例程 4 - 9 在 XL400 上,利用 T0 工作方式 2,实现例程 4 - 8 同样的功能。参考程序组建方法如图 4 - 54 所示。

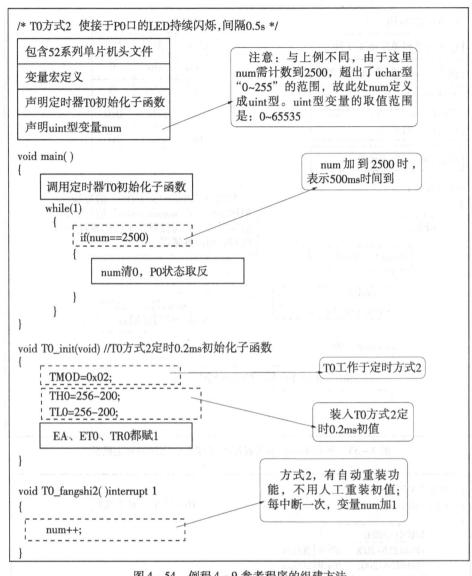

/* T0方式2 使接于P0口的LED持续闪烁,间隔0.5s */

包含52系列单片机头文件

变量宏定义

声明定时器T0初始化子函数

声明uint型变量num

注意:与上例不同,由于这里num需计数到2500,超出了uchar型"0~255"的范围,故此处num定义成uint型。uint型变量的取值范围是:0~65535

```
void main( )
{
        调用定时器T0初始化子函数
        while(1)
        {
                if(num==2500)
                {
                        num清0,P0状态取反
                }
        }
}
```

num 加到 2500 时,表示500ms时间到

```
void T0_init(void) //T0方式2定时0.2ms初始化子函数
{
        TMOD=0x02;
        TH0=256-200;
        TL0=256-200;
        EA、ET0、TR0都赋1
}
```

T0工作于定时方式2

装入T0方式2定时0.2ms初值

```
void T0_fangshi2( )interrupt 1
{
        num++;
}
```

方式2,有自动重装功能,不用人工重装初值;每中断一次,变量num加1

图4-54 例程4-9参考程序的组建方法

例程4-10 在XL400上,利用T0工作方式3,实现如下功能:

(1)利用TL0计数器对应的8位定时器,使接于P0口的一个LED亮点每200ms循环左移一位。

(2)利用TH0计数器对应的8位定时器,使接于P1口的一个LED亮点每100ms循环右移一位。

参考程序组建方法如图4-55和图4-56所示。

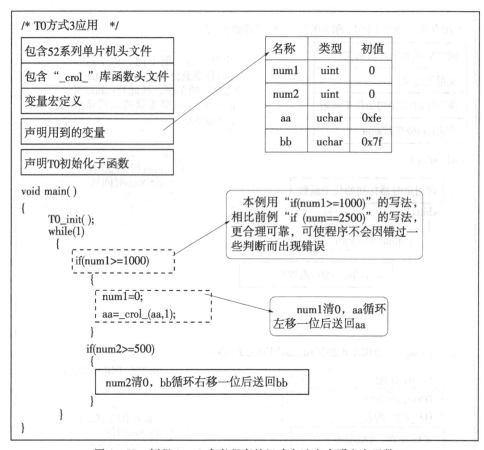

图 4-55 例程 4-10 参考程序的组建方法之声明和主函数

```
/* T0方式3应用 */
void T0_init(void)                          ┌─ T0工作于定时方式3
{
    TMOD=0x03;
    TH0=256-200;      //定时200μs
    TL0=256-200;      //定时200μs

    EA、ET0、ET1、TR0、TR1都赋1
}

void T0_TL0( )interrupt 1                    重装初值
{
    TL0=256-200;
    num1++;
}
                                            此时TH0要用T1的中断序号
void T0_TH0( )interrupt 3
{
    TH0=256-200;      //重装初值
    num2++;
}
```

图 4-56 例程 4-10 参考程序的组建方法之定时器初始化和中断服务函数

【设计】

一、硬件设计

（1）在 XL400 数码管上选择你的秒表包含的显示和控制元件，并填写表 4 - 11 中的信息。

表 4 - 11　我的秒表包含的显示和控制元件

显示元件	数码管
显示位数	3 位□　　2 位□　　1 位□　　其他□：＿＿＿＿＿位
显示位置	显示位置：＿＿＿＿＿＿（填数码管"位 7～位 0"中哪几位）
控制元件（按键）	有□　　没有□
如果有，控制按键选择	K1□　K2□　K3□　K4□　K5□　K6□　K7□　K8□

（2）列出你的秒表的 I/O 分配表，填写表 4 - 12。

表 4 - 12　我的秒表的 I/O 分配表

数码管各笔画	I/O 名称	数码管位选线（只写你用到的位）	I/O 名称
a			
b			
c			
d			
e		按键（有按键的填写）	I/O 名称
f			
g			
dp			

（3）将你的秒表（系统）的结构框图，画在表 4 - 13 中。

表 4 - 13　我的秒表（系统）结构框图

二、控制方案设计

设计你的秒表功能，填写表4-14。

表4-14 我的秒表功能设计

总体描述	从_____到_____按每秒_____（填加1、减1）循环计数显示
具体描述	

【制作】

一、程序编制

1. 秒表程序组建的基本思路与方法（见图4-57）

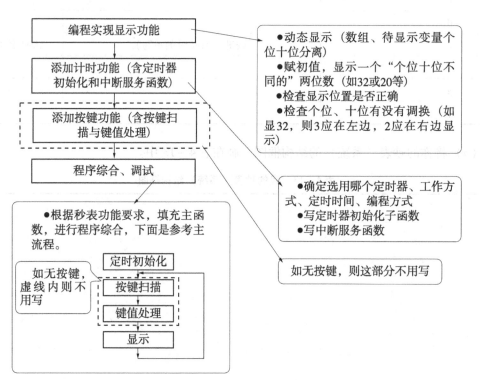

图4-57 秒表程序组建的基本思路与方法

146

2. 程序组建方案示例 1

（1）控制要求与编程思路（见图 4 – 58）。

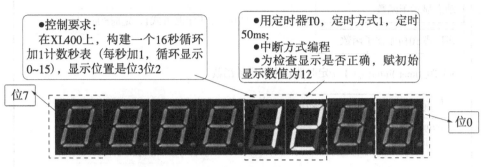

图 4 – 58　示例 1 的控制要求与编程思路

（2）程序组建参考方案（见图 4 – 59、图 4 – 60）。

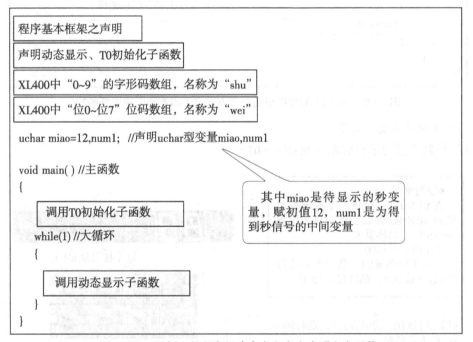

图 4 – 59　示例 1 的程序组建参考方案之声明和主函数

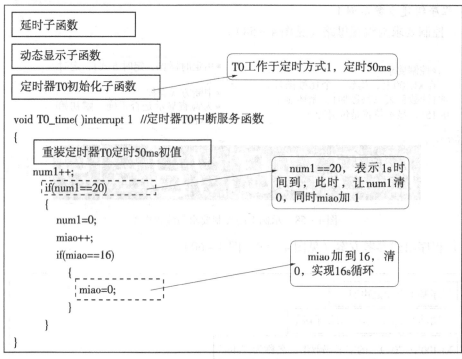

图 4-60 示例 1 的程序组建参考方案之子函数和中断服务函数

3. 程序组建方案示例 2

（1）控制要求与编程思路（见图 4-61）。

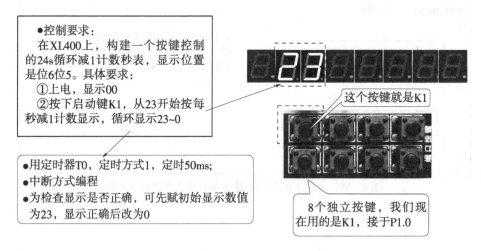

图 4-61 示例 2 的控制要求与编程思路

（2）程序组建参考方案（见图 4-62、图 4-63）。

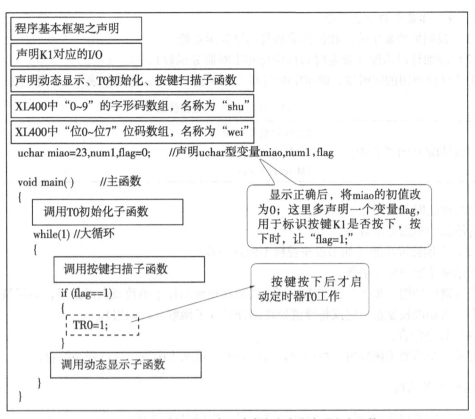

图 4 – 62 示例 2 的程序组建参考方案之声明和主函数

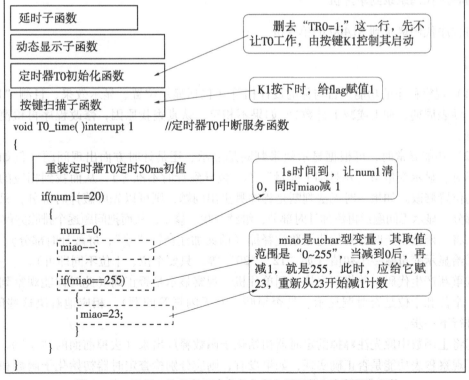

图 4 – 63 示例 2 的程序组建参考方案之子函数和中断服务函数

4. 编制你自己的秒表程序

（1）根据你的显示位置和位数编制与调试显示功能。

（2）添加计时功能（含定时器初始化和中断服务函数）。

①选择你想用的定时器，确定定时时间，并设置 TMOD，记录于表 4 – 15 中。

表 4 – 15　我的定时/计数器信息

我选择的定时/计数器信息	定时/计数器：T0□　　　　T1□
	定时时间：_____ ms
	TMOD 设置值：_____

②添加定时器初始化子函数。

③添加中断服务函数。

（3）添加按键功能（如果没按键则不做这一步）。

①添加按键扫描子函数。

②写键值功能（如果功能简单，可直接写在按键扫描子函数或主函数里，如果按键不止一个，或功能较复杂，建议将键值处理部分写成子函数，再调用）。

（4）程序综合。

完成各个功能子函数后，根据秒表功能要求，填充主函数，进行程序综合。

二、生成 HEX 代码

将综合后的程序进行编译，排除语法错误，生成 HEX 代码。

三、将程序代码烧录到单片机

将程序代码烧录到 XL400 的单片机。

【检测】

（1）观察程序的功能是否与你的设计相符（包括显示位置、显示效果、目测"1 秒"时间、秒表周期、加 1 或减 1 计数）？如果不相符，认真查找原因，修改程序再检测，直至相符。

（2）功能异常时，可根据显示效果判断是显示、还是计时方面出现问题（例如显示位置不对、显示变量与"每秒加 1 变量"不一致导致计时不准等），从而找到相应的函数相应的位置修改。如果一时无法判断是程序哪里出问题，则可以先屏蔽计时部分，只调试显示部分，显示无问题后再添加计时部分，继续查找、修正，从而把问题逐个排除并解决。

①将主函数中定时器初始化函数注释掉（前面加注释符"//"，屏蔽计时部分）。

②给显示变量赋一个初值（如"12""20"等，只要个位、十位不同即可）。

③重新产生代码，并将程序烧录到单片机，观察显示是否正确（此时你能观察到有无显示、个位和十位是否对调显示、是否很暗、有无闪烁等问题），相应地解决这些问题，然后进行下一步。

④将主函数中原先注释掉的定时器初始化子函数释放出来（去掉前面的"//"）。

⑤观察秒表功能是否正确实现，如果没有，则应分别检查定时器初始化子函数和中断

服务函数（如 TMOD 设置是否正确、中断是否打开、定时器是否有启动、定时初值是否正确、中断序号是否正确、"1 秒"计算是否正确等），找到问题分别修正，再调试，直至功能完全与设计相符。

【评估】

一、自我评价（40 分）

学生根据学习任务的完成情况进行自我评价，评分值记录于表 4-16 中。

表 4-16　自我评价表

项目内容	配分	评分标准	扣分	得分
1. 认知	30 分	（1）判断点亮 XL400 中数码管各笔画所需的电平错误，扣 2 分； （2）根据数码管与单片机的连接关系图编制指定的字形码出错，每个扣 1 分； （3）根据提示或流程图完成数码管显示程序，出现语法或功能错误，每处扣 1 分； （4）应用数组或"将两位数分离"优化显示程序时，出现语法错误，每处扣 1 分； （5）根据要求设置 IE 或 TMOD 各位时出错，每处扣 1 分； （6）根据流程图写定时器初始化子函数时出错，每处扣 1 分； （7）写中断服务函数时格式或中断序号错误，每处扣 1 分		
2. 设计	20 分	（1）秒表 I/O 分配表与秒表实际包含的显示和控制元件情况不相符，一处扣 1 分； （2）画秒表系统结构框图，与所选配元件不对应，一处扣 1 分； （3）秒表控制方案描述不清楚，酌情扣 3～6 分		
3. 制作	10 分	（1）编写程序基本框架出现语法错误，一处扣 1 分； （2）添加显示子函数，出现语法错误，一处扣 1 分； （3）添加定时器初始化和中断服务函数出现语法错误，一处扣 1 分； （4）程序综合出现语法错误，一处扣 1 分		
4. 检测	20 分	（1）秒表实际显示位置与设计不相符，扣 2 分； （2）显示时，秒表个位和十位位置对调，扣 2 分； （3）秒表计时明显不准，扣 2 分； （4）秒表周期与设计不相符，扣 2 分； （5）秒表"加 1"或"减 1"计数显示，与设置不相符，扣 2 分； （6）综合程序无计时功能且不能排除，酌情扣 3～5 分； （7）综合程序无功能且不能排除，酌情扣 8～10 分		

项目内容	配分	评分标准	扣分	得分
5. 安全、文明操作	20分	（1）违反操作规程，产生不安全因素，可酌情扣 7 ~ 10 分； （2）着装不规范，可酌情扣 3 ~ 5 分； （3）迟到、早退、工作场地不清洁每次扣 1 ~ 2 分		
总评分 =（1 ~ 5 项总分）×40%				

二、小组评价（30 分）

由同一学习小组的同学结合自评的情况进行互评，将评分值记录于表 4 – 17 中。

表 4 – 17　小组评价表

项目内容	配　分	得　分
1. 学习记录与自我评价情况	20分	
2. 对实训室规章制度的学习和掌握情况	20分	
3. 相互帮助与协作能力	20分	
4. 安全、质量意识与责任心	20分	
5. 能否主动参与整理工具与场地清洁	20分	
总评分 =（1 ~ 5 项总分）×30%		

三、教师评价（30 分）

由指导教师根据自评和互评的结果进行综合评价，并将评价意见和评分值记录于表 4 – 18 中。

表 4 – 18　教师评价表

教师总体评价意见：	
教师评分（30 分）	
总评分 = 自我评分 + 小组评分 + 教师评分	

参加评价的教师签名：

年　　月　　日

【课外作业】

（1）根据图 4-13 所示的数码管各笔画与单片机的连接关系，编制其 A～F 对应的字形码。

（2）请编程实现在 XL400 数码管中位 0（右边第一位）显示 A 或 H。

（3）请编程实现在 XL400 数码管位 7 和位 5 稳定显示 H0（要求应用数组）。

（4）在 XL400 数码管位 5 位 4 制作一个 90s 倒计时秒表。要求：

上电，数码管位 5 位 4 从 90 开始倒计时显示，每过 1s，数码管显示数字减 1，当减到 1s 后，再过 1s，数码管个位和十位同时恢复 90，重新开始计数。

（5）为（4）的秒表加一个启动按键，实现按键按下后才开始倒计时显示。

学习情境 5 制作一个智能搅拌机

【学习情境描述】

公司近期要为某化工厂开发一款智能搅拌机控制系统，该系统由 5V 直流电机、4 位数码管、6 个按键组成的操作键盘、指示灯等组成，如图 5-1 所示。要求能实现直流电机的正、反、停控制并对电机工作状态及维持时间进行显示。客户提出的具体要求如下：

（1）系统上电后，4 位数码管显示 8.8.8.8.，所有指示灯亮，维持 2s 后熄灭，进行系统自检。

（2）选择工作模式：系统有"自动/手动"两种工作模式，用一个按键进行切换。同时，在数码管左边第一位显示当前系统工作模式，"H"为手动，"A"为自动。

（3）在"手动"工作模式时，先通过"加""减"键设置电机的转动时间（设置范围在 0～99s），转动时间在数码管上进行显示，接着通过"正转""反转"按键分别控制电机的正转、反转，电机转动后，数码管按每秒减 1 的规律倒计时显示电机转动时间，当时间减为 0 时，电机停止，从而实现对物品的搅拌。

（4）在"自动"工作模式时，电机按先正转 15s，接着停止 2s，再反转 15s 的规律对物品进行自动搅拌，同时数码管倒计时显示电机转动时间，完成后电机自动停止。此时，需再次通过自动/手动选择系统工作模式后，才能再控制电机转动。

（5）任何时候按下"停止"按键，则电机停止，数码管后二位显示 00。手动模式时，电机运行中如想改变电机转向，则需先按"停止"键，再设置时间，再用"正转"或"反转"键启动电机。

（6）分别用绿色 LED、黄色 LED、红色 LED 指示电机正转、反转、停止的运行状态。

李工要求你们 4 人组成一个团队，跟随设计部的开发流程，应用 AT89S52 单片机开发本系统，开发过程中，尝试运用电子 CAD 设计"智能搅拌机控制系统"的原理电路图和 PCB 图，制作与测试系统硬件，进一步熟悉单片机智能化产品的开发流程和相关开发工具的使用。同时，进一步学习电机控制、LED 控制、数码管显示和定时/计数器、按键综合应用程序的编制方法。

另外，李工要求，设计与制作过程中，多做 4 位数码（即共做 8 位数码管），并将单片机的电源、P0 口和设计中多余的 I/O 用排针引出来，便于以后系统的扩展。

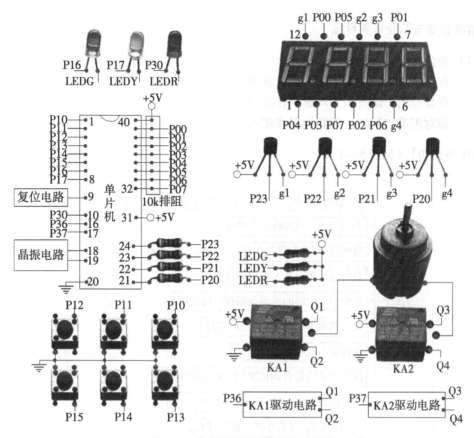

图 5 – 1 智能搅拌机控制系统简图

【学习目标】

一、知识目标

（1）能根据给定的数码管与单片机接口电路，确定数码管的"笔画"及"位选"控制位。

（2）对照电机控制方法示意图，能正确组建实现电机正转、反转或停止的程序。

（3）对照流程图，能写出扫描多个独立按键的功能子函数。

（4）对照流程图，能正确应用 switch 语句处理多分支结构。

二、技能目标

（1）具备合理划分系统模块，分配 I/O，绘制搅拌机系统结构框图的技能。

（2）具备正确选择或设计搅拌机系统各模块电路、绘制系统 PCB 的技能。

（3）具备合理选配元件和工具，制作与检修搅拌机电路板的技能。

（4）具备编制与调试搅拌机系统各功能模块程序的技能。

（5）具备根据综合调试过程中出现的"故障"现象，修正程序，实现搅拌机系统控制要求的技能。

三、情感态度与职业素养目标

（1）能注意着装规范，按时出勤。

（2）有安全意识，工具使用、摆放规范。

（3）有良好的团队意识和沟通合作能力。

（4）面对困难与问题，能积极寻求解决办法。

【学习任务结构】（见图 5-2）

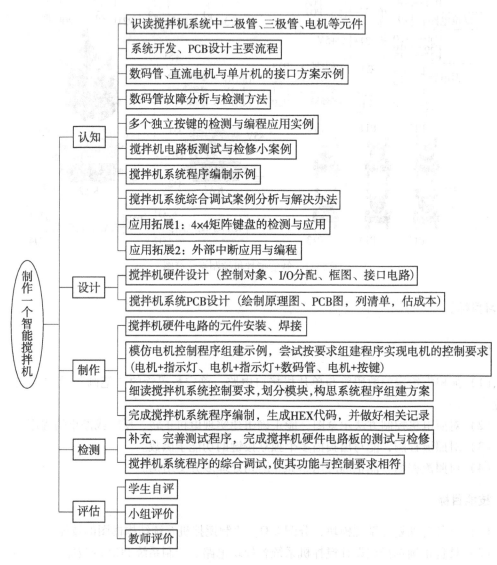

图 5-2 学习情境 5 的学习任务结构

【认知】

一、元件识读

（1）二极管1N4001（见图5-3）。

二极管极性识别与好坏判断

图5-3 二极管

（2）三极管9015和9014（见图5-4）。

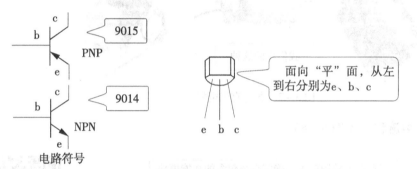

9014、9015极性的识别与好坏判断

图5-4 三极管9015和9014引脚说明

（3）HSN5642S型4位一体数码管引脚说明。

本次制作中，我们会用到这种4位一体共阳型数码管，其引脚如图5-5所示。

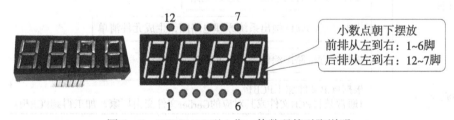

图5-5 HSN5642S型4位一体数码管引脚说明

（4）YL303型继电器引脚说明。

如图5-6所示是YL303型继电器，它有5个引脚，其中2个线圈引脚，另3个引脚组成一对常开触点，一对常闭触点。

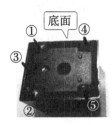  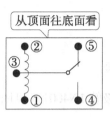

图5-6　YL303继电器引脚说明

（5）直流电机。

图5-7展示了一些控制用直流电机，有些电机的正负极会用导线引出，也有一些是用金属片引出，本任务中我们将采用一种5V的直流电机，应用时两个引出端子一个接电源的正极、一个接电源的负极即可。

图5-7　各种直流电机

二、系统开发的主要流程（见图5-8）

创建电路原
理图等文件

添加元件封装库

系统开发主要流程

- 根据系统控制要求，确定系统包含的功能模块（如多少个指标灯？几个按键？几位数码管？）
- 进行单片机I/O分配，画系统结构图
- 设计或选用各功能模块的接口电路
- 用电子CAD软件画出系统原理电路图，生成元件清单
- 根据原理电路图绘制系统PCB文件
- 根据PCB文件加工PCB板（通常是将PCB文件或其对应的Gerber文件交由厂家，加工得到PCB板）
- 根据元件清单购买元件
- 安装与焊接电路板
- 进行电路板测试、检修，必要时修改PCB文件
- 进行程序编制
- 产品综合调试

添加原理图元件库

为元件添加
或更改封装

图5-8　系统开发的主要流程

三、系统 PCB 设计的主要流程（见图 5-9）

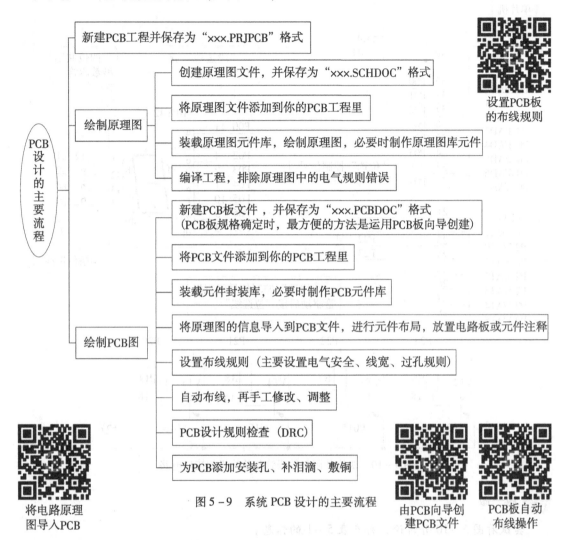

设置PCB板
的布线规则

PCB 设计的主要流程

- 新建PCB工程并保存为"×××.PRJPCB"格式

- 绘制原理图
  - 创建原理图文件，并保存为"×××.SCHDOC"格式
  - 将原理图文件添加到你的PCB工程里
  - 装载原理图元件库，绘制原理图，必要时制作原理图库元件
  - 编译工程，排除原理图中的电气规则错误

- 绘制PCB图
  - 新建PCB板文件，并保存为"×××.PCBDOC"格式（PCB板规格确定时，最方便的方法是运用PCB板向导创建）
  - 将PCB文件添加到你的PCB工程里
  - 装载元件封装库，必要时制作PCB元件库
  - 将原理图的信息导入到PCB文件，进行元件布局，放置电路板或元件注释
  - 设置布线规则（主要设置电气安全、线宽、过孔规则）
  - 自动布线，再手工修改、调整
  - PCB设计规则检查（DRC）
  - 为PCB添加安装孔、补泪滴、敷铜

将电路原理
图导入PCB

图 5-9 系统 PCB 设计的主要流程

由PCB向导创
建PCB文件

PCB板自动
布线操作

四、数码管与单片机接口电路示例

和秒表的制作一样，数码管与单片机接口时，段选线与单片机 I/O 口连接，比如接于单片机 P0 口，位选线可经驱动电路（如用三极管驱动）与单片机 I/O 口连接。图 5-10 所示是一个"四位共阳型数码管"与单片机的接口电路。

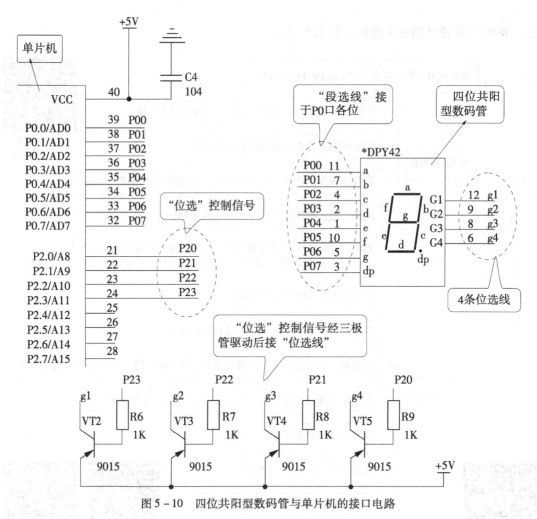

图 5 – 10　四位共阳型数码管与单片机的接口电路

 做一做

尝试看图 5 –10 并讨论, 补充表 5 –1 的信息。

表 5 – 1　数码管控制信息

笔画	I/O 名称	位选线	I/O 名称
a	P0. 0	g1	P2. 3
b		g2	
c		g3	
d		g4	
e	P0. 4	数码管类型	共阳型
f		点亮某一笔画的电平	高电平 □　　低电平 □
g		选通某一位数码管的电平	高电平 □　　低电平 □
dp		数字"0"的字形码	

160

五、直流电机与单片机的接口电路示例

用单片机控制直流电机的启动、停止或转向时，较常用的一种方法是应用单片机的I/O口去控制继电器的通断，再用继电器的触点与电机连接，控制电机的正转、反转或停止。图5-11是用一个继电器控制电机的启动与停止的接口电路；图5-12是用两个继电器控制电机正、反转的接口电路。

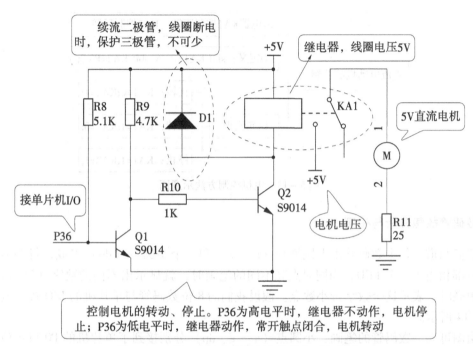

图 5-11 用一个继电器控制电机的启动与停止

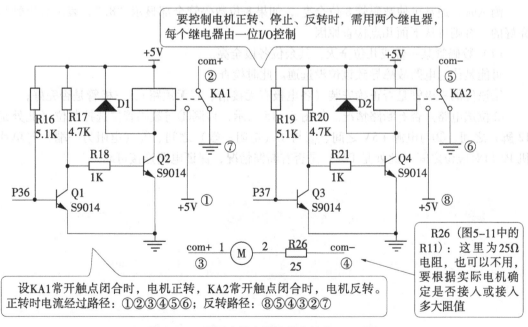

图 5-12 用两个继电器控制电机的正、反转

由图 5 - 12 所示的电机与单片机的接口电路可知，当 P3.6（或 P3.7）为低电平时，继电器 KA1（或 KA2）线圈得电，常开触点闭合，常闭触点断开；当 P3.6（或 P3.7）为高电平时，继电器 KA1（或 KA2）线圈失电，常开触点断开，常闭触点闭合。按照图中约定的"路径"，电机正转时，KA1 应得电闭合，KA2 应不得电；电机反转时，KA1 应不得电，KA2 应得电闭合。其他情况，电机停止。因此，电机的控制方法可以用图 5 - 13 表示。

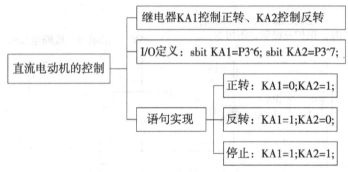

图 5 - 13 电机控制方法示意图

六、数码管故障分析与检测

我们知道，每个数码管由七段笔画（a～g）和一个小圆点（dp）组成，每一笔画和小圆点都相当于一个 LED，当同时点亮不同的笔画时，就显示出不同的数字（字形），小圆点也亮时，表示这个数字带小数点。假设我们的 8 位数码管与单片机的 I/O 接口电路如图 5 - 14 所示。

由图可知，数码管的笔画、小圆点（a～g、dp）分别接到了单片机的 P0 口各位，位选择控制端 g1～g8 分别接到了 P2 口各位。

测试时，通常可使数码管 8 位全亮，如果 8 位数码管全部显示"8."，表示数码管是完好的。否则可从下面几点检查原因。

（1）数码管某一位或几位全灭，其余位各段全亮。

可能是位选电路故障导致该位没选通。此时检查：

①该位的三极管是否正确安装（各电极有无接错、有无短路），三极管是否完好；

②位选电路是否有断路情况。如图 5 - 15 所示，检测①与数码管位选控制位（此处是 12 脚）之间、②与电源 +5V 之间、③与④（电阻一端）之间、⑤（电阻另一端）与单片机 P2 口对应位之间（此处是 P27）是否有断路情况，保证电路连接可靠。

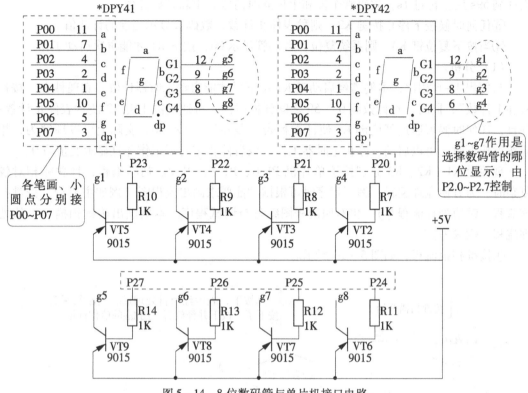

图 5-14 8 位数码管与单片机接口电路

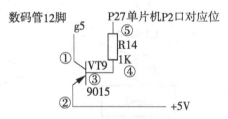

图 5-15 位选电路检测点

（2）数码管 8 位都是同一段不亮。

可能是段选电路某一笔画没连接好。此时检测该段对应的数码管引脚与单片机相应位是否有断路情况。

七、多个独立按键的检测与编程应用实例

在单片机应用系统中，我们常常会用到两个或以上的按键，分别控制系统的某一功能（或操作），例如搅拌机系统中，分别用独立按键控制系统工作模式的选择，电机的正转、反转、停止操作等，那么，当系统有多个按键时，如何通过编程去实现这些按键的功能呢？

下面举一个例子来说明处理这类问题的一些思路、方法。

例程 5-1 为例程 4-6 的秒表添加按键控制功能。具体要求如下：

①上电时，数码管显示 00。

②按下启动键 K1 后，启动秒表，秒表从 0 开始计数，每过 1s，数码管显示数字加 1，

当计满59s后，再过1s，数码管个位和十位同时清零，重新开始计数。

③任何时候按下停止按键K2，则秒表停止计数，数码管显示当前的计数值。

④当按下复位键K3，则系统复位，数码管显示00，按下K1才能再次启动工作。

（1）分析。

与例程4-6相比，本例需经启动键K1按下后才能启动定时器计数，实现秒表"按每秒加1计数"；同时，在计数到0~59之间任何时候，可通过停止键K2使秒表停止计数；并且，任何时候可通过复位键K3使计数秒表"复位"，显示00。实际上可以理解为，相应按键按下时，可以启动、停止定时器工作，或者停止定时器工作并且显示变量清0。

现假设K1、K2、K3分别接于单片机P1.0、P1.1、P1.2。初学编程，且功能相对较复杂时，为方便梳理逻辑，编写程序时可根据功能要求画出流程图（例如主流程、按键扫描流程、键值处理流程等），再对照流程图编写与调试程序。本例画出按键扫描与键值处理流程，供参考。

①按键扫描流程，如图5-16所示。

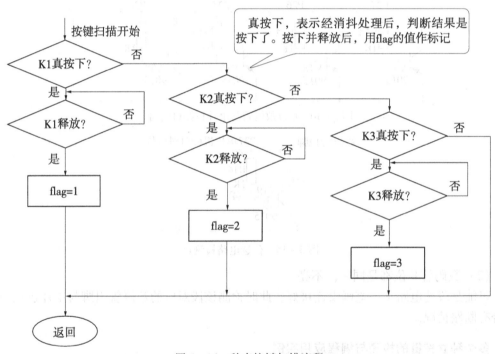

图5-16 秒表按键扫描流程

②按键处理流程，如图5-17所示。

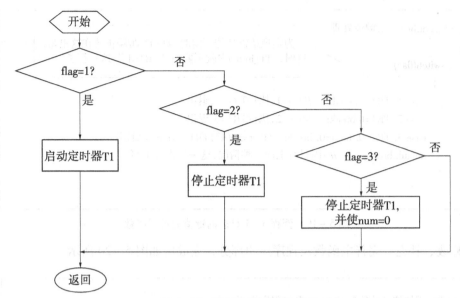

图 5 – 17 秒表键值处理流程

（2）例程 5 – 1 参考程序组建方法。

在例程 4 – 6 子函数的基础上：

①添加按键扫描功能，加一个名称为 anjian 的子函数，如图 5 – 18 所示。

②添加键值处理功能，加一个名称为 jzchuli 的子函数，如图 5 – 19 所示。

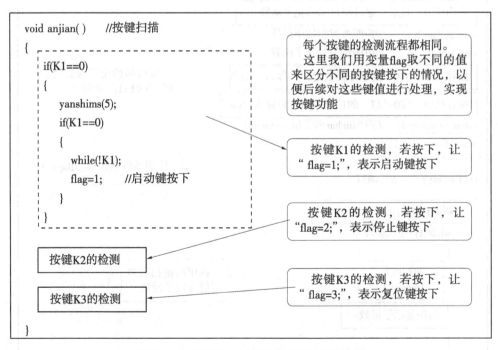

图 5 – 18　例程 5 – 1 秒表的按键扫描子函数

```
void jzchuli( )     //键值处理
{
    switch(flag)
      {
        case 1: TR1=1;break;      //flag=1,执行TR1=1,退出
        case 2: TR1=0;break;      //flag=2,执行TR1=0,退出
        case 3: TR1=0; num=0; break;  //flag=3,执行TR1=1,num=0退出
        default:break;      // 因只有上面三种情况,这一行也可不写
      }
}
```

为实现按键功能,定时器T1启动/停止放在这里写,这时,T1_init( )中就不要写"TR1=1;"这一行了

图 5 – 19　例程 5 – 1 秒表的键值处理子函数

③修改、补充、完善主函数及程序声明部分,完成后如图 5 – 20 所示。

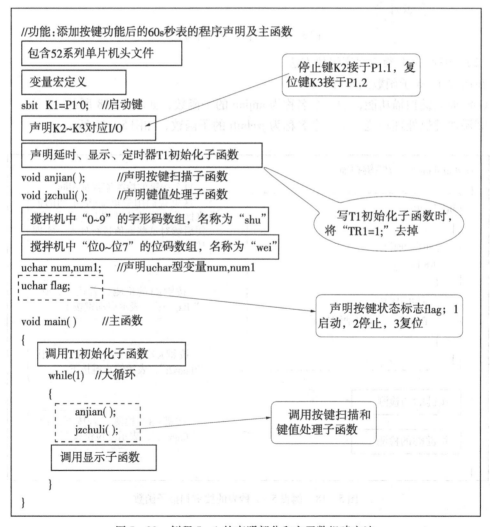

图 5 – 20　例程 5 – 1 的声明部分和主函数组建方法

图 5 - 20 中简写的数组对应搅拌机中的数码管,如图 5 - 21 所示。

```
uchar shu[]={0xc0,0xf9,0xa4,0xb0,0x99,0x92,0x82,0xf8,0x80,0x90};   //0~9字形码
uchar wei[]={0xfe,0xfd,0xfb,0xf7,0xef,0xdf,0xbf,0x7f};             //位码
```

| 搅拌机中"位0~位7"的位码数组,名称为"wei" | 搅拌机中"0~9"的字形码数组,名称为"shu" |

图 5 - 21 搅拌机中字形码与位码数组说明

(3) 注解。

在本例的键值处理子函数中,我们用到了一个新的语句,即 switch…case 语句(当然也可以用 if…else if…else 这样的语句来处理)。用它来处理图 5 - 17 所示的"秒表键值处理流程"时,我们发现,子函数非常简洁,可读性也较强。下面就来了解一下 switch…case 语句吧!

(1) switch…case 语句的一般格式。

switch 语句,也称为开关语句,是 C 语言提供的一种专门用于处理分支结构的条件选择语句。我们知道,当遇到条件分支结构时,可以用 if 语句进行处理,但是,if 语句通常用于处理少于三个分支的情况,当分支较多时,需用 if…else if…else if…else 结构,分支越多,则嵌套的 if 语句层数就越多,会造成程序庞大且可读性差。而应用 switch 语句则可以方便地处理两个或以上的分支,特别是当分支较多时,使用起来非常方便。switch 语句的一般格式:

```
switch(表达式)
{
    case 常量表达式1:语句1;break;
    case 常量表达式2:语句2;break;
        ……
    case 常量表达式 n:语句 n;break;
    default:语句 n + 1;break;
}
```

switch语句的使用

(2) switch 语句的执行过程。

①计算 switch 后面括号内表达式的值。

②与 case 后面的常量表达式相比较。假如表达式的值与某个 case 后面的常量表达式的值相等,就执行此 case 后的语句,当遇到 break 语句就退出 switch 语句。假如表达式的值与所有 case 后面的常量表达式均不相同时,则执行 default 后面的语句,然后退出 switch 语句,程序转向 switch 语句后面的下一个语句。

(3) switch 语句的特点。

①当 case 后面包含多个执行语句时,case 后面不需要像 if 语句那样加大括号,进入某个 case 后,会自动执行 case 后的所有语句。

②default 总是放在最后。若要求没有符合的条件(表达式的值与所有 case 后面的常量表达式均不相同)时不做任何处理,则可以不写 default 语句。

③在 switch…case 语句中，多个 case 可以共用一条执行语句。

例如：图 5-22 表示 m 的值为 1、3 或 5 时都执行语句 1。

```
switch(m)
 {
    case 1:
    case 3:
    case 5:
    语句1;
    break;
      …
    default:语句n+1;break;
 }
```

表示当 m=1、m=3、m=5时，都执行语句1

图 5-22　三个 case 共用一条语句的情况

（4）写 switch…case 语句时要注意的问题。

①"case 1"后面的是冒号":"，而不是分号。

②每一个 case 语句最后都要跟一个 break，用来退出 switch 语句。

③每一个 case 后面的常量表达式必须是不同的值，以保证分支的唯一性。

 做一做

尝试为你的秒表程序添加按键功能。

1. 在原来秒表程序中添加一个按键扫描子函数，并根据图 5-16 秒表按键扫描流程完成该子函数内容。

2. 继续添加一个键值处理子函数，并根据按键的功能编制该子函数的内容。（分别尝试用 if 语句和 switch 语句编写键值处理子函数，体验其效果）

3. 在主函数中适当位置调用按键扫描子函数和键值处理子函数，排除语法错误，并生成 HEX 代码，进行调试，直至功能正确。

八、搅拌机硬件测试示例

（1）测试程序功能。

①上电后，8 位数码管显示"8.8.8.8.8.8.8.8."，所有指示灯亮，2s 后，数码管全灭，灯全灭。

②按下 K1，电机转动（假设此时为正转）2s 后停止；按下 K2，电机反转 2s 后停止；按下其他按键时电机停；按下 K3，数码管显示 1；按下 K4，数码管显示 2；按下 K5，数码管显示 3；按下 K6，数码管显示 4。

（2）I/O 分配情况说明。

①数码管段选线：P0.0 ~ P0.7，位选线：P2.0 ~ P2.7；

②指示灯：P1.6 ~ P1.7、P3.0；

③按键 K1 ~ K6：P1.0 ~ P1.5；

④继电器 KA1：P3.6，KA2：P3.7。

（3）测试程序组建方法。

如图 5-23、图 5-24 所示，程序中按键 K5、K6 的测试内容未写入，请模仿其他按键的写法自行补充。

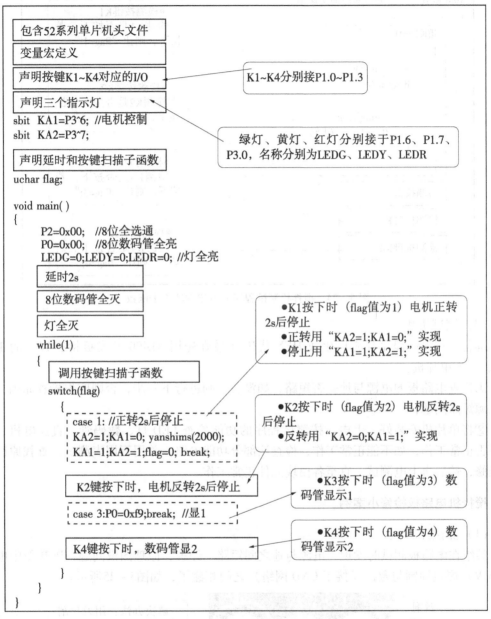

图 5-23 搅拌机测试程序的组建方法之声明与主函数

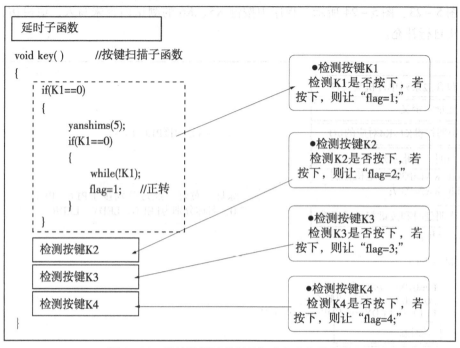

图 5-24 搅拌机测试程序的组建方法之子函数

（4）测试步骤。

准备：将测试程序补充后生成 HEX 代码（最好先用 XL400 开发板检查程序的正确性），写入单片机；

①检查电路板的电源与地是否短路，如没有，则进行下一步，否则应先检查原因，解决电源短路问题；

②将单片机安装好，上电，按测试程序的功能检查 LED 灯、数码管、直流电机、按键是否正常工作，如不能正常工作，检查该部分功能电路，并用万用表测试，查找原因进行维修，然后再上电测试，直至各模块元件正常工作。

九、搅拌机电路板检修小案例

（1）测试经历 1：

某组在电路板测试时发现：电源与地之间短路。经查，原理图没问题，PCB 图中电源（+5 V）焊点周围与敷铜（接了 GND 网络）之间相碰了，如图 5-25 所示。

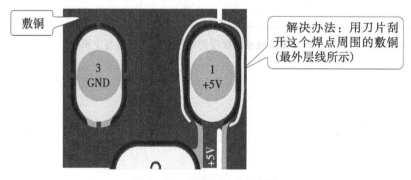

图 5-25 电源与地之间短路

（2）测试经历2：

①现象：上电后，全部 LED 灯不亮。

②原因：经查原理图发现，LED 的电源是"VCC"网络（图5－26中 JP1 的方焊盘处），电路板电源是"＋5V"网络，即 LED 没接到电路板电源。再查 PCB 图确定"VCC"网络位置后，测试其与"＋5V"电源，果然不通。

③解决办法：在电路板底层，"VCC"与"＋5V"网络之间连一条导线，如图5－26所示，使 LED 接上电源。

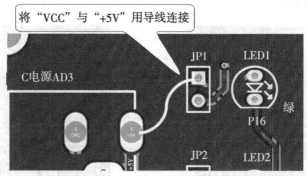

图5－26　LED 没接上电源导致指示灯全不亮

（3）测试经历3：

①现象：上电后，左边三个数码管显示完全正常，右边五个数码管完全不亮。

②原因：经查，数码管位选电路中 VT6 与 VT5 的"e"端之间断路，如图5－27所示。

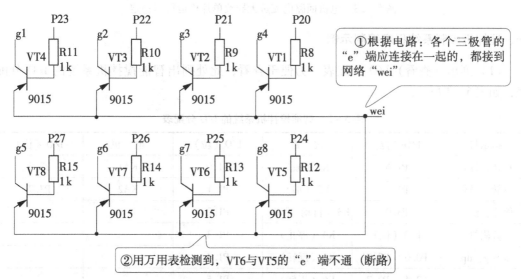

图5－27　位选电路电源端存在断路情况导致有些数码管全灭

③解决办法：在电路板底层，VT6 的"e"脚与 VT5 的"e"脚之间连一条导线。

④结果：问题解决。

（4）测试经历4：

①现象：按下 K1 或 K2 后，听到继电器动作的声音但电机不转，或有时电机能转，有时不能转。

②原因：经上网查阅资料，发现可能原因是电机回路电阻太小，导致电流过大，单片机运行不稳定。

③解决办法：用3个75Ω电阻并联得到25Ω的电阻，串入电机回路中，如图5-28所示。

④结果：问题解决。

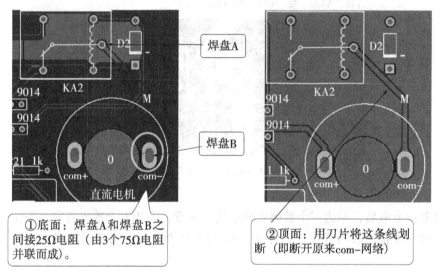

图5-28　电机回路电流过大导致单片机运行不稳定

十、搅拌机控制系统程序编制示例

（1）列出（查看）I/O分配表。为便于查看，此处列出智能搅拌机系统的I/O分配表，如表5-2所示。

表5-2　智能搅拌机系统的I/O分配表

指示灯	I/O（位）	按键	I/O（位）	电机	I/O（位）
正转：绿灯	P1.6	K1（减）	P1.0	KA1	P3.6
反转：黄灯	P1.7	K2（加）	P1.1	KA2	P3.7
停止：红灯	P3.0	K3（自动/手动）	P1.2		
数码管	I/O（位）	K4（停止）	P1.3		
a～g、dp	P0.0～P0.7	K5（反转）	P1.4		
wei	P2.4～P2.7	K6（正转）	P1.5		

（2）根据控制要求画出控制流程图。

根据控制要求，梳理编程思路，通常可用模块化编程方法，对于较复杂的模块，可画出其流程图，以方便编程。本设计只提供其中一种思路，供参考。

①主流程（主函数的流程），如图 5 – 29 所示。

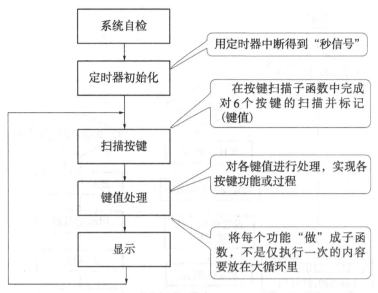

图 5 – 29 智能搅拌机系统主流程

②按键扫描流程，如图 5 – 30 所示。

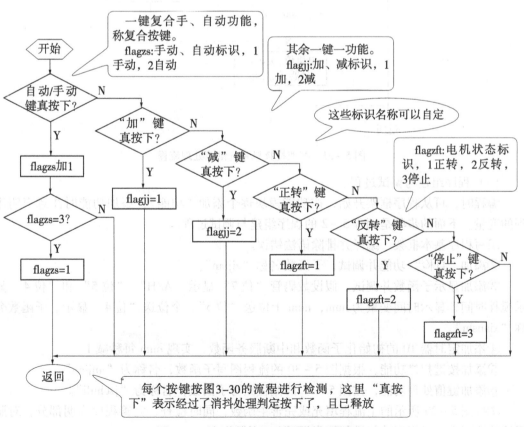

图 5 – 30 智能搅拌机系统按键扫描流程

③键值处理流程，如图 5 - 31 所示。

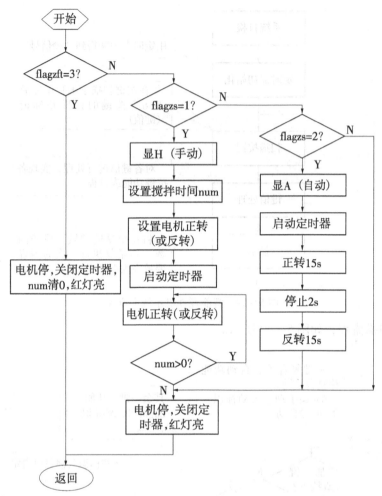

图 5 - 31　智能搅拌机系统键值处理流程

（3）程序组建与调试过程。

编程时，可从程序框架开始，按功能模块逐个添加"功能"，添加功能时注意声明用到的变量。下面的步骤是例程 5 - 2 的程序组建与调试过程。

①写程序基本框架，编译并排除语法错误。

②添加"自检"功能并调试，子函数名称"zijian"。

③添加显示子函数并调试，假设数码管"位 7"显示"A/H"、"位 5"和"位 4"显示搅拌时间，显示时间变量为 num，num 十位送"位 5"、个位送"位 4"显示。子函数名称"xianshi"。

④添加定时器 T0 的初始化子函数和中断服务函数，实现 num 每秒减 1。

⑤添加按键扫描功能，根据图 5 - 30 的流程图写子函数，名称为"anjian"。

⑥添加键值处理功能，按图 5 - 31 的流程图写子函数，名称为"jzchuli"。

⑦按图 5 - 29 所示的主流程填充或完善主函数，同时检查、完善程序声明部分，对照系统功能要求，对程序功能进行综合调试。

⑧遇到功能不符合要求时，要仔细查找原因，修改程序，直至功能符合要求。

例程5-2 图5-32至图5-38所示是经上述①～⑦的步骤后，得到的搅拌机综合程序组建方案，供参考。

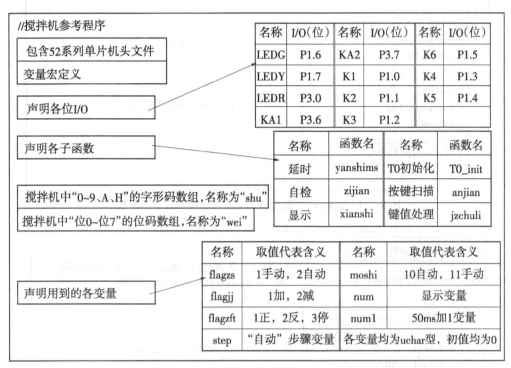

图5-32 例程5-2程序组建方案之声明部分

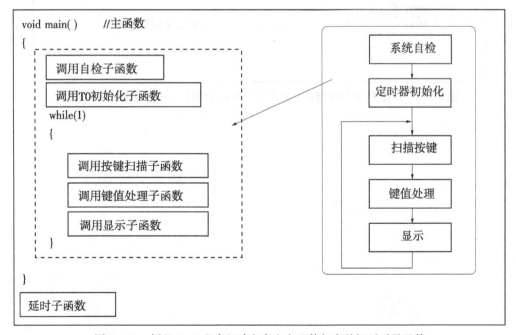

图5-33 例程5-2程序组建方案之主函数与毫秒级延时子函数

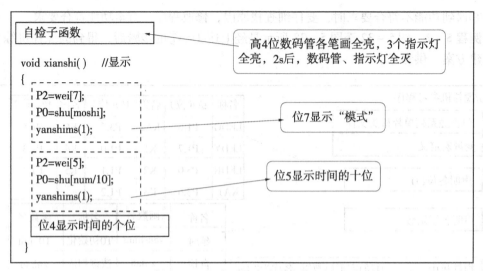

图 5 – 34 例程 5 – 2 程序组建方案之自检和显示子函数

自检子函数

```
void xianshi( )    //显示
{
    P2=wei[7];
    P0=shu[moshi];
    yanshims(1);

    P2=wei[5];
    P0=shu[num/10];
    yanshims(1);
}
```

高4位数码管各笔画全亮，3个指示灯全亮，2s后，数码管、指示灯全灭

位7显示"模式"

位5显示时间的十位

位4显示时间的个位

T0初始化子函数

```
void  T0_time( )interrupt  1
{

    num1++;
        if(num1==20)
        {
            num1=0;
            num--;
        }
}
```

T0工作方式1定时50ms，T0的启动语句不写（在键值处理中开、关定时器）

重装T0方式1定时50ms初值

中间变量num1用在这里

显示变量每秒减1

图 5 – 35 例程 5 – 2 程序组建方案之定时器 T0 初始化子函数与中断服务函数

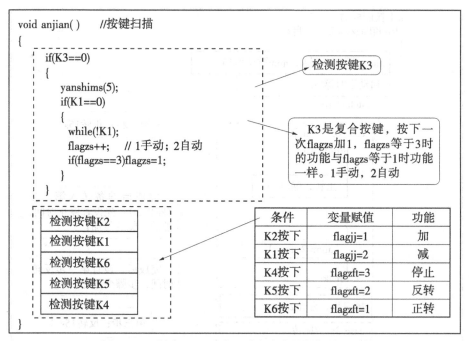

```
void anjian()      //按键扫描
{
    if(K3==0)                              检测按键K3
    {
        yanshims(5);
        if(K1==0)
        {                                  K3是复合按键，按下一
            while(!K1);                    次flagzs加1，flagzs等于3时
            flagzs++;   // 1手动；2自动      的功能与flagzs等于1时功能
            if(flagzs==3)flagzs=1;         一样。1手动，2自动
        }
    }
```

条件	变量赋值	功能
K2按下	flagjj=1	加
K1按下	flagjj=2	减
K4按下	flagzft=3	停止
K5按下	flagzft=2	反转
K6按下	flagzft=1	正转

检测按键K2
检测按键K1
检测按键K6
检测按键K5
检测按键K4

```
}
```

图 5-36 例程 5-2 程序组建方案之按键扫描子函数

```
void jzchuli()    //键值处理
{
    if(flagzft!=3)    //停止没按下
    {                                      flagjj先清0，才能
        if(flagzs==1)    //手动             保证下次按下加或减
        {                                  键时有效
            moshi赋11，显H
            switch(flagjj)                                时间num设
            {                                            置:0~99
            case 1:flagjj=0;num+=1;if(num==100)num=0;break;    //按一次加1
            case 2:flagjj=0;num-=1;if(num==255)num=99;break;   //按一次减1
            default:break;
            }
        }
                                如果时间没到，电机正转，绿灯亮；否则电机停止，红灯亮
        if(flagzft==1)//正转
        {
            if(num>0)
            {
                KA2=1;KA1=0;LEDY=1;LEDR=1;LEDG=0;TR0=1;  //正转
            }
            else
            {
                KA1=1;KA2=1;LEDG=1;LEDY=1;LEDR=0;TR0=0;  //停止
            }
        }
        反转键K5按下时处理              如果时间没到，电机反转，黄灯亮；
    }                                 否则电机停止，红灯亮
//下接图5-38
```

图 5-37 例程 5-2 程序组建方案之键值处理子函数（1）

177

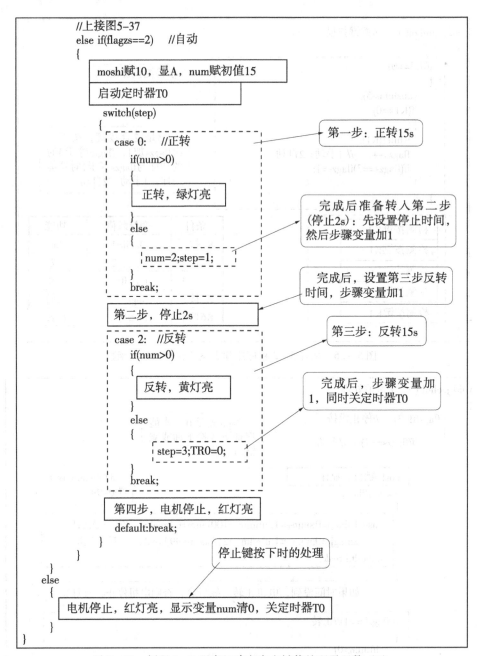

图 5 - 38　例程 5 - 2 程序组建方案之键值处理子函数 (2)

　　例程 5 - 2 的程序，你在调试时是否发现什么不正常现象（即与控制要求不符）？如是，分析一下，是什么原因造成的？尝试一下修改程序去解决吧！

　　小技巧：

　　根据前面的控制要求可知，当电机正转时，要使继电器 KA1 得电，KA2 不得电，同时，用相应的指示灯（绿灯亮、黄灯灭、红灯灭）进行指示；在程序中，我们是用图 5 - 39 的语句去实现的。

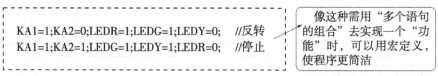

图 5 – 39 实现电机正转并指示的语句

同样，当电机反转时，要使继电器 KA1 不得电，KA2 得电，同时，用相应的指示灯（黄灯亮、绿灯灭、红灯灭）进行指示；电机停止时，继电器 KA1、KA2 均不得电，同时，红灯亮、绿灯灭、黄灯灭。实现语句如图 5 – 40 所示。

KA1=1;KA2=0;LEDR=1;LEDG=1;LEDY=0; //反转
KA1=1;KA2=1;LEDG=1;LEDY=1;LEDR=0; //停止

像这种需用"多个语句的组合"去实现一个"功能"时，可以用宏定义，使程序更简洁

图 5 – 40 实现电机反转、停止并指示的语句

实际上，在写程序时，如果一个过程或一种状态包含的语句较多，我们可以将它用"宏定义"进行定义，这样定义后，写函数时直接用"新名称"就行了。如图 5 – 39 的情况，可以在程序声明部分进行宏定义：

#define zhengzhuan KA2=1; KA1=0; LEDY=1; LEDR=1; LEDG=0

就是将"KA2=1; KA1=0; LEDY=1; LEDR=1; LEDG=0"这五种情况的组合定义为状态"zhengzhuan"（正转），定义好后，在程序中要用到这些组合时，就直接写"zhengzhuan;"，这样可使程序简洁，并且查错、修改也较方便。

综上，可以在程序声明部分添加宏定义，如图 5 – 41 所示。

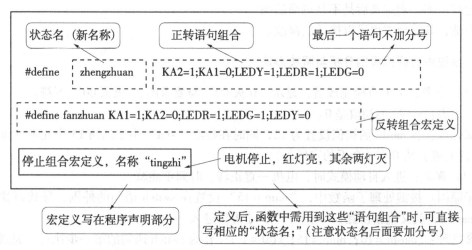

图 5 – 41 对电机的正转、反转、停止状态组合进行宏定义

定义后，函数中需用到这些"语句组合"时，就可以直接写相应的"状态名"。例如，可以修改图 5 – 37 中"手动 – 正转"部分的程序，如图 5 – 42 所示。

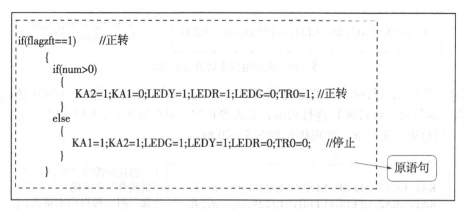

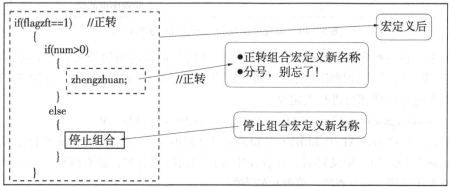

图 5-42 原语句与应用"宏定义"后语句效果对比

比较一下，宏定义后是不是更简洁呢？

当然，其他地方也可以按此法修改。

十一、系统综合调试案例分析与解决办法

（1）现象：上电自检完成后，显示"0 灭 00"与要求的"灭灭 00"不符。

①原因：moshi 的初值是 0。

②处理：将 moshi 的初值设置为 12，同时在数组"shu"中添加第 13 个元素（即编号为 12 的元素）为 0xff（全灭的字形码）。

（2）现象：进入自动模式时，电机一直正转，时间不能减。

①原因：按键处理子函数中，"num = 15"设置在 switch 语句的外围，导致每执行完一次 case 0，就又重新设置"num = 15"，才再次进入 switch 语句。

②处理："moshi = 10；num = 15；TR0 = 1 ；"作为 switch 语句的第一步执行，完成后设置 step = 1，进入下一步。

（3）现象：手动或自动模式运行完成后，数码管左边第一位（moshi）没有灭，手动或自动模式运行过程中按下"停止"键后，不能重新设置手动，且进入自动后，电机初始转向与前面手动时转向相同。

①原因：手动或自动模式执行完成后，或按下"停止"键后，没有将 moshi、flagzs、flagzft 标识复位。

②处理：以上位置对相关变量进行复位。

（4）现象：自动模式执行完成后或自动模式运行过程中按下"停止"键，重新设置自动模式时，不能再次进入自动模式搅拌。

①原因：case 最后一步及停止处理时，没将 step 清 0 复位。

②处理：两处将 step 清 0。

（5）现象：显示时，数码管左边一位"moshi"不显示时有影子（鬼影）。

处理：显示子函数中，显示完一位后，执行"P0 = 0xff；"进行消隐。

认知拓展 各例程参考程序

1. 例程 5-1 参考程序

```c
// 功能：按键控制的60秒秒表
#include<reg52.h>   // 包含52系列单片机的头文件
#define uint unsigned int
#define uchar unsigned char
sbit K1=P1^0;   // 启动键
sbit K2=P1^1;   // 停止键
sbit K3=P1^2;   // 复位键
void yanshims(uint t);
void xianshi( );   // 声明显示子函数
void T1_init( );   // 声明T1初始化子函数
void anjian( );   // 声明按键扫描子函数
void jzchuli( );   // 声明键值处理子函数
uchar shu[]={0xc0,0xf9,0xa4,0xb0,0x99,0x92,0x82,0xf8,0x80,0x90};   // 0~9字形码
uchar wei[]={0xfe,0xfd,0xfb,0xf7,0xef,0xdf,0xbf,0x7f};   // 位码
uchar num,num1;   // 声明uchar型变量num,num1
uchar flag;

void main( )      // 主函数
{
    T1_init( );
    while(1)   // 大循环
    {
        anjian( );
        jzchuli( );
        xianshi( );   // 调用显示子函数
    }
}

void yanshims(uint t)   // 毫秒级延时子函数
{
```

```c
    uint i,j;
    for(i=t;i>0;i--)
        for(j=112;j>0;j--);
}


void xianshi( )    //动态显示子函数
{
    P2=wei[7];    //选通位7
    P0=shu[num/10];    //显示秒的十位
    yanshims(1);    //延时
    P0=0xff;
    P2=wei[6];    //选通位6
    P0= shu[num%10];    //显示秒的个位
    yanshims(1);    //延时
    P0=0xff;
}


void  T1_init( )    //定时器T1初始化子函数
{
    TMOD=0x10;    //定时器T1工作于方式1
    TH1=(65536-50000)/256;    //装入定时50ms的初值
    TL1=(65536-50000)% 256 ;
    EA=1;    //开中断总允许
    ET1=1;    //开定时/计数器T1中断
 }


void  T1_time( )interrupt  3    //定时器T1中断服务函数
{
    TH1=(65536-50000)/256;    //重装初值
    TL1=(65536-50000)%256;
    num1++;
    if(num1==20)
     {
        num1=0;
        num++;
        if(num==60)
         {
                num=0;
```

```
            }
        }
    }

void anjian( )   // 按键扫描
{
    if(K1==0)
    {
        yanshims(5);
        if(K1==0)
        {
            while(!K1);
            flag=1;    // 启动键按下
        }
    }
    if(K2==0)
    {
        yanshims(5);
        if(K2==0)
        {
            while(!K2);
            flag=2;    // 停止键按下
        }
    }
    if(K3==0)
    {
        yanshims(5);
        if(K3==0)
        {
            while(!K3);
            flag=3;    // 复位键按下
        }
    }
}

void jzchuli( )   // 键值处理
{
    switch(flag)
```

```
    {
        case 1: TR1=1;break;      // flag=1，执行 TR1=1，退出
        case 2: TR1=0;break;      // flag=2，执行 TR1=0，退出
        case 3: TR1=0; num=0; break;   // flag=3，执行 TR1=1, num=0退出
        default:break;            // 因只有上面三种情况，这一行也可不写
    }
}
```

2. 例程5-2参考程序（注：这是未经最后综合调试，还存在一定问题的程序，具体问题见认知部分"十一　系统综合调试案例分析与解决办法"）

```c
// 搅拌机参考程序
#include<reg52.h>   // 包含52系列单片机的头文件
#define uint unsigned int
#define uchar unsigned char
sbit  K3=P1^2;   // 自动/手动
sbit  K2=P1^1;   // 加
sbit  K1=P1^0;   // 减
sbit  K6=P1^5;   // 正转
sbit  K5=P1^4;   // 反转
sbit  K4=P1^3;   // 停止
sbit  LEDG=P1^6;  // 正转指示
sbit  LEDY=P1^7;  // 反转指示
sbit  LEDR=P3^0;  // 停止指示
sbit  KA1=P3^6;   // 继电器KA1 正转KA1=0;KA2=1;
sbit  KA2=P3^7;   // 继电器KA2 反转KA1=1;KA2=0;

void yanshims(uint t);
void zijian( );   // 自检
void xianshi( );  // 显示
void T0_init( );  // 定时器T0初始化
void anjian( );   // 按键扫描
void jzchuli( );  // 键值处理

uchar code shu[]=
{0xc0,0xf9,0xa4,0xb0,0x99,0x92,0x82,0xf8,0x80,0x90,0x88,0x89};  // 0～9,A,H字形码
uchar wei[]={0xfe,0xfd,0xfb,0xf7,0xef,0xdf,0xbf,0x7f};  // 位码

uchar flagzs,flagjj,flagzft;  // 声明变量flagzs（1手、2自）,flagjj（1加、2减）,flagzft（1正、2反、3停）
```

```
    uchar moshi,num,num1;   // 声明变量moshi(模式10自动、11手动)，num(显示),num1
(中间变量)
    uchar step;   // 声明变量step

    void main()   // 主函数
    {
        zijian();   // 自检
        T0_init();   // T0初始化
        while(1)
        {
            anjian();   // 按键扫描
            jzchuli();   // 键值处理
            xianshi();   // 显示
        }
    }


    void yanshims(uint t)
    {
        uint i,j;
        for(i=t;i>0;i--)
            for(j=112;j>0;j--);
    }

    void zijian()   // 自检
    {
        P2=0x0f;   // 高4位全选
        P0=0x00;   // 8段全亮
        LEDG=0;LEDY=0;LEDR=0;   // 灯全亮
        yanshims(2000);
        P0=0xff;   // 8位全灭
        LEDG=1;LEDY=1;LEDR=1;   // 灯全灭
    }

    void xianshi()   // 显示
    {
        P2=wei[7];
        P0=shu[moshi];
        yanshims(1);
```

```c
        P2=wei[5];
        P0=shu[num/10];
        yanshims(1);
        P2=wei[4];
        P0=shu[num%10];
        yanshims(1);
    }

    void T0_init( )
    {
        TMOD=0x01;     // 定时器T1工作于方式1
        TH0=(65536-50000)/256;    //装入定时50ms的初值
        TL0=(65536-50000)% 256 ;
        EA=1;        // 开中断总允许
        ET0=1;        // 开定时/计数器T1中断
    }

    void  T0_time( )interrupt  1
     {
        TH0=(65536-50000)/256;   // 重装初值
        TL0=(65536-50000)%256;
        num1++;
         if(num1==20)
          {
             num1=0;
             num--;
          }
     }

    void anjian()    // 按键扫描
    {
        if(K3==0)
        {
            yanshims(5);
            if(K3==0)
            {
                while(!K3);
                flagzs++;    // 1手动；2自动
```

```
            if(flagzs==3)flagzs=1;
        }
    }
    if(K2==0)
    {
        yanshims(5);
        if(K2==0)
        {
            while(!K2);
            flagjj=1;   // 加
        }
    }
    if(K1==0)
    {
        yanshims(5);
        if(K1==0)
        {
            while(!K1);
            flagjj=2;   // 减
        }
    }
    if(K6==0)
    {
        yanshims(5);
        if(K6==0)
        {
            while(!K6);
            flagzft=1;   // 正转
        }
    }

    if(K5==0)
    {
        yanshims(5);
        if(K5==0)
        {
            while(!K5);
```

```
            flagzft=2;   // 反转
        }
    }
    if(K4==0)
    {
        yanshims(5);
        if(K4==0)
        {
            while(!K4);
            flagzft=3;   // 停止
        }
    }
}

void jzchuli( )   // 键值处理
{
    if(flagzft!=3)   // 停止没按下
    {
        if(flagzs==1)   // 手动
        {
            moshi=11;   // 显 H
            switch(flagjj)
            {
                case 1:flagjj=0;num+=1;if(num==100)num=0;break;   // 按一次加 1
                case 2: flagjj=0;num-=1;if(num==255)num=99;break;   // 按一次减 1
                default:break;
            }

            if(flagzft==1)   // 正转
            {
                if(num>0)
                {
                    KA2=1;KA1=0;LEDY=1;LEDR=1;LEDG=0;TR0=1;   // 正转
                }
                else
                {
                    KA1=1;KA2=1;LEDG=1;LEDY=1;LEDR=0;TR0=0;   // 停止
                }
```

```
        }
        if(flagzft==2)    // 反转
        {
            if(num>0)
            {
                KA1=1;KA2=0;LEDG=1;LEDR=1;LEDY=0;TR0=1;    // 反转
            }
            else
            {
                KA1=1;KA2=1;LEDG=1;LEDY=1;LEDR=0;TR0=0;    // 停止
            }
        }
    }
    else if(flagzs==2)    // 自动
    {
        moshi=10;num=15;    // 显 A，置初值15
        TR0=1;
        switch(step)
        {
            case 0:    // 正转
                if(num>0)
                {
                    KA2=1;KA1=0;LEDY=1;LEDR=1;LEDG=0;    // 正转
                }
                else
                {
                    num=2;step=1;
                }
                break;
            case 1:    // 停止
                if(num>0)
                {
                    KA1=1;KA2=1;LEDG=1;LEDY=1;LEDR=0;    // 停止
                }
                else
                {
                    num=15;setp=2;
```

```
                    }
                    break;
            case 2:    // 反转
                if(num>0)
                {
                        KA1=1;KA2=0;LEDR=1;LEDG=1;LEDY=0;    // 反转
                }
                else
                {
                        step=3;TR0=0;
                }
                break;
            case 3:         KA1=1;KA2=1;LEDG=1;LEDY=1;LEDR=0;break;    // 完成
            default:break;
            }
        }
    }
    else
    {
        KA1=1;KA2=1;LEDG=1;LEDY=1;LEDR=0;    // 停止
        num=0;TR0=0;
    }
}
```

应用拓展 1 4×4 矩阵键盘的检测与应用

前面，我们用到了独立按键，我们知道，它们与单片机连接时，一个按键要占用一位单片机 I/O 口线。当一个系统用到的按键较多时，便要占用较多的 I/O 口线，实际上，在这种情况下，可以采用矩阵键盘，以节省单片机 I/O 口线。下面以 XL400 上的矩阵键盘为例，说明其用法。

1. 矩阵键盘与单片机的接口说明

图 5-43 是 4×4 矩阵键盘与单片机 I/O 的接口电路图。可见，每个按键的两端分别接不同的 I/O 口线，16 个按键排成 4 行 4 列，同一行的按键右端接于同一位 I/O，同一列的按键左端接于同一位 I/O。

当键盘中没有键按下时，所有的行线和列线被断开，相互独立，各口线电平互不影响。当有任一键按下时，则该键所对应的行线和列线接通，与该按键连接的两个口线电平相同，如 K5 按下，则有 P1.6 与 P1.2 电平相同，如果预先将 P1.2 清 0，则 K5 按下时，P1.6 也为 0。

据此思路，如果将列线 P1.7～P1.4 全部置 1，行线 P1.3～P1.0 全部置 0，则只要有任意一个键按下（闭合），P1.7～P1.4 就不全为 1，说明有键按下，然后再进行键值的判断和处理。

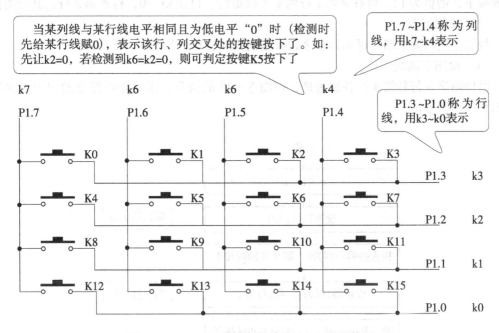

图 5－43　4×4 矩阵键盘与单片机 I/O 的连接图

2. 矩阵键盘的检测

为便于说明，将图 5－43 所示的 4×4 矩阵键盘用图 5－44 所示的示意图表示。

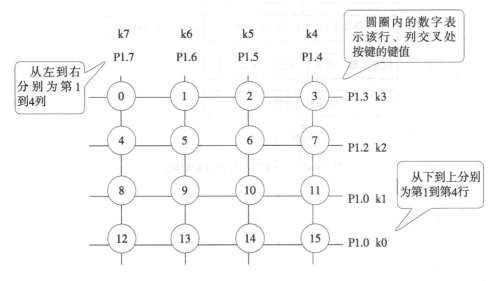

图 5－44　4×4 矩阵键盘示意图

（1）检测思路。

先设置某一行线为 0，检查列线，若某一条列线为 0，则可判定行线与列线交叉处的键按下。如，让 k0 = 0，检查列线 k7 ~ k4，若只有 k7 为 0，则可知第 1 行、第一列所在的键按下，键值为 12，检查完第 1 行的 4 个按键后，再让 k1 = 0，检查第 2 行，其余类推。

（2）检测流程。

根据上述检测思路，可画出一个较直接的检测流程，如图 5 – 45 所示。

（3）检测子函数。

以检测第 3 行和第 4 行各键为例，按图 5 – 45 的流程，组建矩阵键盘的扫描子函数，如图 5 – 46 所示。

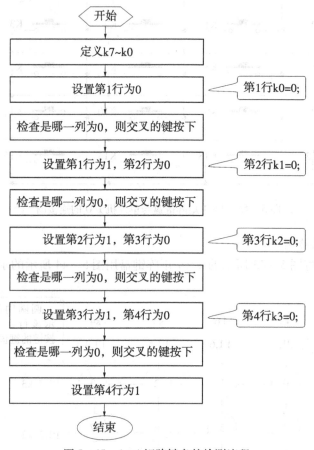

图 5 – 45　4 × 4 矩阵键盘的检测流程

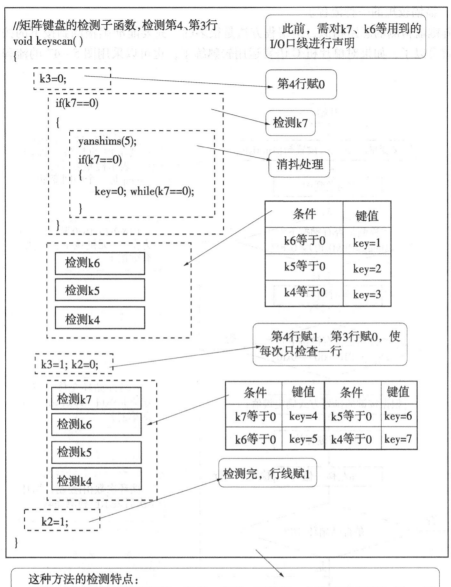

图 5-46 4×4 矩阵键盘的检测子函数及其说明

（4）篇幅较短的一种流程。

矩阵键盘检测的思路相似，但编程方法是很多的，只要能准确检测到按下的按键并进行处理就可以了，如果对单片机 C 语言运用较熟练了，也可以采用图 5 – 47 的流程对其进行检测。

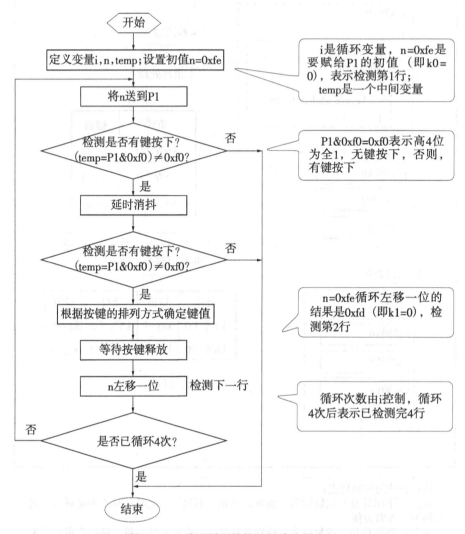

图 5 – 47　采用循环结构的矩阵检测流程

根据这个流程组建矩阵检测子函数，该子函数写法如图 5 – 48 所示。

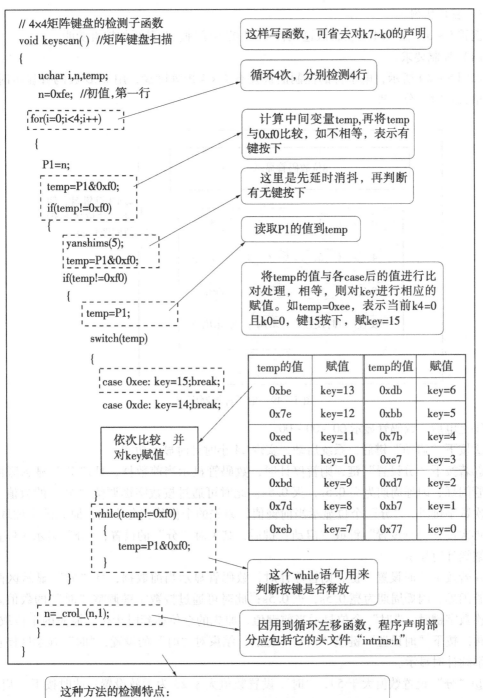

图 5 – 48 采用循环结构的矩阵检测子函数写法

3. 应用实例

例程5-3 在 XL400 上，改进例程4-7的电子钟，为其添加按键功能。

（1）控制要求。

如图5-49所示，电子钟的控制面板设有4×4矩阵键盘，用 LED 数码管显示时间，显示格式：时-分-秒。

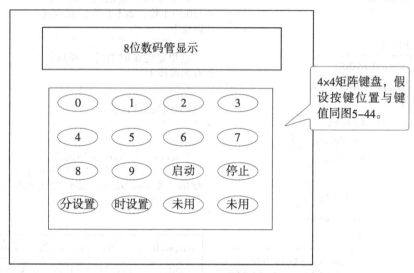

图5-49 电子钟控制面板

①上电后，数码管显示00-00-00。

②按下"启动"键后，系统启动，实现24小时计时显示功能。

③若按下"分设置"键，则暂停计时，数码管显示当前数据，且"分"显示区两位数码管闪烁，闪烁周期为亮0.5s，灭0.5s；此时可通过按数字键调整"分"的数值。按下一次数字键时，"分"个位显示当前键值，原先的个位移到分十位，原先的十位取消。直到再次按下"分设置"键或"启动"键后，结束对"分"的设置，"分"显示区停止闪烁，继续计时显示。

④若按下"时设置"键，则暂停计时，数码管显示当前数据，且"时"显示区两位数码管闪烁，闪烁周期为亮0.5s，灭0.5s；此时可通过按数字键调整"时"的数值。按下一次数字键时，"时"个位显示当前键值，原先的个位移到时十位，原先的十位取消。直到再次按下"时设置"键或"启动"键后，结束对"时"的设置，"时"显示区停止闪烁，继续计时显示。

⑤"分"设置数值大于59，"时"设置数值大于23为无效设置，此时按下"启动"键或"分设置"键、"时设置"键无效（即不能启动计时），"分"显示区或"时"显示区继续闪烁，需重新设置有效数值后方能启动计时。

⑥当按下"停止"键后，系统停止，显示00-00-00。

（2）分析。

本例较复杂之处是对矩阵键值的处理，为此，可以尝试根据控制要求画出键值处理的流程图，以便理清编程思路（此处略）。另外，本例有使显示数字闪烁的要求，可以在选通该位后，通过交替向 P0 口送"全灭""正常字形"来实现字形闪烁的效果。为使正常显示时，数码管不闪烁，可以用定时器来产生 0.5s 的延时（而不是直接调用延时子函数）。

本例还要用定时器实现秒、分、时的进制规律，"延时"和"进制规律"可以合并在一个定时器里实现，也可以用两个定时器分别实现。本例分别用 T1 和 T0 实现"进制规律"和"延时"。

（3）例程 5-3 中使用的变量说明，见表 5-3。

表 5-3 例程 5-3 使用的变量及说明

变量	类型	变量用途
num, num1	uchar	分别为 T1、T0 定时 50ms 变量（每中断一次加 1）
h, m, s	uchar	分别为时、分、秒显示变量
mflag, hflag	uchar	分别为"分""时"设置变量，1 设置，2 相当于启动
key	uchar	键值
a, b	uchar	分别为"分""时"个位变量
mshan, hshan	bit	分别为"分""时"闪烁变量，1 不显，0 正常显

注：uchar 是 unsigned char（无符号字符型变量）经宏定义后的符号，其取值范围是：0～255；bit 是位变量，这种变量的取值是 0 或 1。

（4）参考程序的组建方法，如图 5-50 至图 5-54 所示。

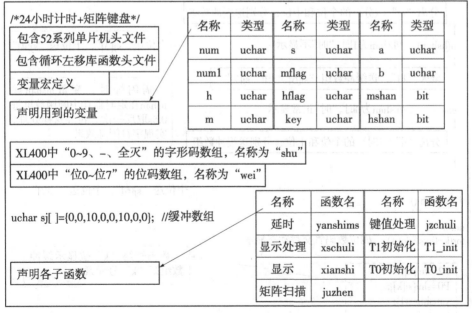

图 5-50 例程 5-3 参考程序组建之声明部分

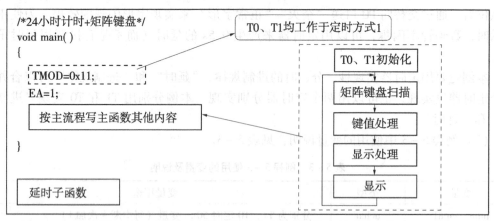

图 5-51　例程 5-3 参考程序组建之主函数和延时子函数

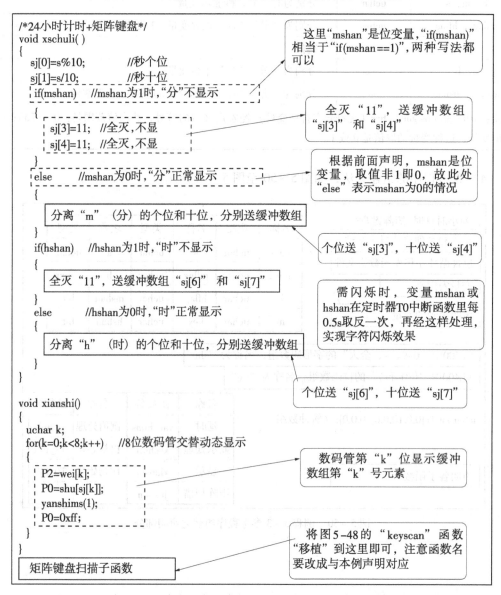

图 5-52　例程 5-3 参考程序组建之显示处理、显示和矩阵键盘扫描子函数

```c
/*24小时计时+矩阵键盘*/
void jzchuli( )   //键值处理
{
    if((key==0)||(key==1)||(key==2)||(key==3)||(key==4)||(key==5)||(key==6)||(key==7)||(key==8)||(key==9))
    {
        if(mflag==1)    //分设置按下一次
        {
            m=a*10+key;  //"分"的个位左移到十位,个位更新为key值
        }
        if(hflag==1)  //时设置按下一次
        {
            h=b*10+key;
        }
        key=20;
    }
    else if(key==10)   //启动,不闪,数字键无效
    {
        if((m<60)&&(h<24))    //如果"分"设置有效且"时"设置有效,启动,否则不响应
        {
            TR1=1;TR0=0;
            mflag、hflag、mshan、hshan变量清0
        }
    }
    else if(key==11)    //停止,不闪,各位清0
    {
        关两个定时器, h、m、s变量清0
    }
    else if(key==12)    //"分"设置
    {
        Key赋"20", 清键值
        TR1=0;TR0=1;    //停止计数,启动闪烁
        mflag++;
        if(mflag==2)    //按下第二次功能同启动
        {
            if(m<60)  //若分设置小于60为有效,启动
            {
                mflag=0;TR1=1;TR0=0;mshan=0;hshan=0;
            }
            else mflag=1;  //否则,继续闪,重设
        }
    }
    同"分"的设置方法对"时"按下时进行设置
    else
    {
    }
    a=m%10;    //取出"分"的个位备用
    b=h%10;    //取出"时"的个位备用
}
```

注释框：

- 这个if用于对数字键进行处理，"||"是两个或多个表达式的"或"运算
- 处理完后，给key赋一个与所有键值不等的数，将原键值清除，以免多次处理同一键值，"20"可换其他大于15的数
- 对各个功能键分别处理
- key=12时对"分"进行设置
- "else mflag=1;"相当于：
  else
  {
      mflag=1;
  }
  即else后面的语句只有一行时可省去大括号
- key=13时对"时"进行设置
- 其他的键未用，不处理

图 5-53　例程 5-3 参考程序组建之键值处理子函数

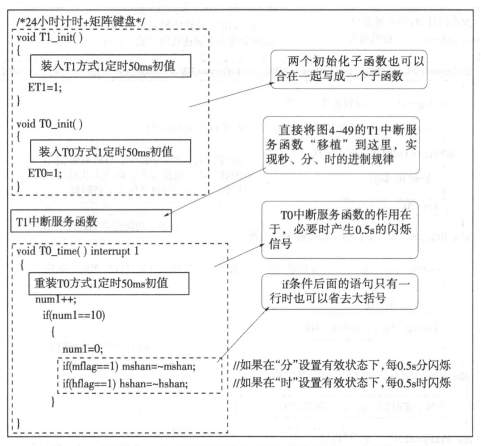

图 5 - 54　例程 5 - 3 参考程序组建之定时器初始化子函数和中断服务函数

应用拓展2　外部中断应用与编程

1. 相关说明（如图 5 - 55 所示）

（1）定时/计数器控制寄存器 TCON 各相关位说明。

定时/计数器控制寄
存器TCON的设置

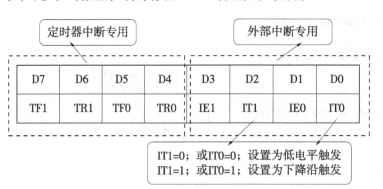

图 5 - 55　定时/计数器控制寄存器 TCON

说明：

①IE1、IE0：分别是外部中断 1 和外部中断 0 的中断标志位。当 IE1、IE0 为"1"时向单片机 CPU 申请中断。

②IT1、IT0：分别是外部中断 1 和外部中断 0 的中断触发方式控制位。

（2）中断优先级控制寄存器 IP。

MCS – 51 中断系统提供两个中断优先级，对于每一个中断源都可以编程为高优先级中断源或低优先级中断源，以便实现二级中断嵌套。中断优先级是由片内的中断优先级寄存器 IP（特殊功能寄存器）控制的，该寄存器有位寻址功能。IP 寄存器中各位的功能说明如图 5 – 56 所示。

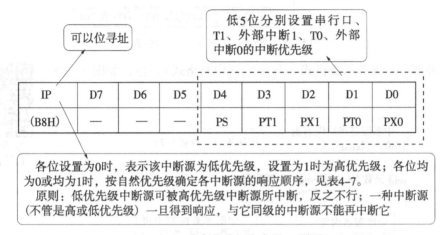

图 5 – 56　中断优先级寄存器 IP 说明

说明：

①PS：串行口中断优先级控制位。

②PT1：定时/计数器 1（T1）中断优先级控制位。

③PX1：外部中断 1 中断优先级控制位。

④PT0：定时/计数器 0（T0）中断优先级控制位，功能同 PT1。

⑤PX0：外部中断 0 中断优先级控制位。功能同 PX1。

各位为"1"定义为高优先级中断源；为"0"定义为低优先级中断源。

中断优先级控制寄存器 IP 中的各个控制位都可通过编程来置位或复位，单片机复位后 IP 中各位均为 0，各个中断源均为低优先级中断源。

（3）中断优先级结构。

MCS – 51 中断系统具有两级优先级（由 IP 寄存器把各个中断源的优先级设为高优先级和低优先级），它们遵循下列两条基本规则：

①低优先级中断源可被高优先级中断源所中断，而高优先级中断源不能被任何中断源所中断。

②一种中断源（不管是高优先级或低优先级）一旦得到响应，与它同级的中断源不能再中断它。

为了实现上述两条规则，中断系统内部包含两个不可寻址的优先级状态触发器。其中一个用来指示某个高优先级的中断源正在得到服务，并阻止所有其他中断的响应；另一个触发器则指出某低优先级的中断源正得到服务，所有同级的中断都被阻止，但不阻止高优先级中断源。

当同时收到几个同一优先级的中断时，响应哪一个中断源取决于内部查询顺序（默认优先级/自然优先级），见表4 – 7。

（4）外部中断初始化设置，如图5 – 57所示。

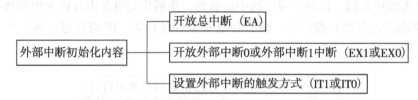

图5 – 57　外部中断初始化设置内容

（5）外部中断服务函数格式（与定时器中断格式相同），如图5 – 58所示。

外部中断的
初始化设置

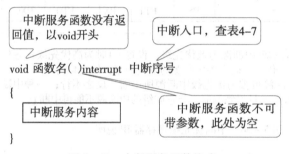

图5 – 58　中断服务函数格式

（6）外部中断信号输入端。

①外部中断0：P3.2。

②外部中断1：P3.3。

2. 应用实例

例程5 – 4　在XL400开发板上实现如下控制要求：

①上电后，接于P0口的8个LED持续闪烁，时间间隔为600ms。

②当有外部中断0信号到来时，P2口的8个LED亮4s后熄灭。

参考程序组建方法，如图5 – 59所示。

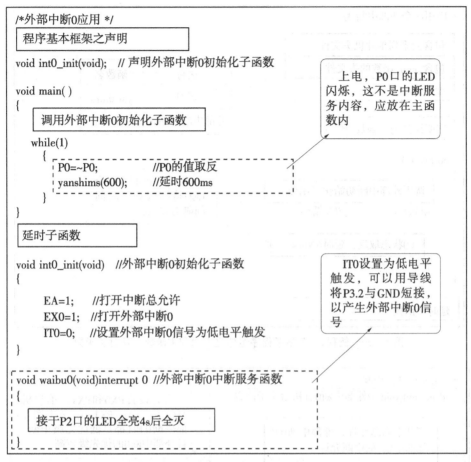

```
/*外部中断0应用 */

    程序基本框架之声明

void int0_init(void);   // 声明外部中断0初始化子函数

void main( )
{
        调用外部中断0初始化子函数

     while(1)
       {
          P0=~P0;          //P0的值取反
          yanshims(600);   //延时600ms
       }
}

     延时子函数

void int0_init(void)   //外部中断0初始化子函数
{

     EA=1;     //打开中断总允许
     EX0=1;    //打开外部中断0
     IT0=0;    //设置外部中断0信号为低电平触发

}

void waibu0(void)interrupt 0 //外部中断0中断服务函数
{

     接于P2口的LED全亮4s后全灭

}
```

上电，P0口的LED闪烁，这不是中断服务内容，应放在主函数内

IT0设置为低电平触发，可以用导线将P3.2与GND短接，以产生外部中断0信号

图 5-59 例程 5-4 参考程序的组建方法

例程 5-5 在 XL400 开发板上实现如下控制要求：

①上电后，P0 口的 8 个 LED 持续闪烁，时间间隔为 600ms。

②当有外部中断 0 信号到来时，接于 P0 口的一个 LED（亮点）循环左移三遍。

③当有外部中断 1 信号到来时，接于 P0 口低 4 位和高 4 位的 LED 交替闪烁三次。

分析：这里用到了两个外部中断，应分别将两个中断的内容写在各自的中断服务函数里；可以通过设置 IP 确定两个中断源的优先级，如果不设置 IP 寄存器，则按照自然优先级，外部中断 0 的自然优先级比外部中断 1 高（本例不设置 IP）；可以分别通过将 P3.2 或 P3.3 碰接地得到外部中断 0 和外部中断 1 的触发信号。

参考程序组建方法，如图 5-60 和图 5-61 所示。

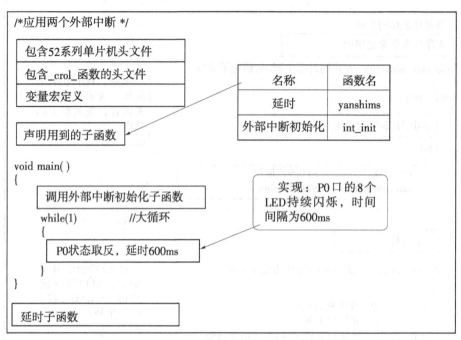

图 5 - 60　例程 5 - 5 参考程序组建之声明和主函数、延时子函数

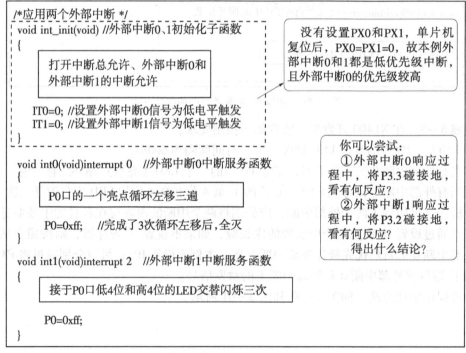

图 5 - 61　例程 5 - 5 参考程序组建之外部中断初始化及中断服务函数

【设计】

一、硬件电路设计

(1) 认真阅读学习情境描述中"智能搅拌机控制系统"的具体要求,试统计该系统所包含的控制/检测对象,并记录在表5-4中。

表5-4 智能搅拌机系统控制/检测对象统计表

控制/检测对象	个数或位数	控制/检测对象	个数或位数
按键		数码管	
指示灯		直流电机	

(2) 讨论与分析"智能搅拌机控制系统"的控制要求,阅读"认知"内容或查找相关资料,对单片机I/O进行分配,并记录在表5-5中。

表5-5 智能搅拌机控制系统I/O分配表

班级: 组号: I/O分配策划:

名称或编号	I/O分配情况	名称或编号	I/O分配情况	名称或编号	I/O分配情况

(3) 根据"智能搅拌机控制系统"的I/O分配表,画出系统的结构框图,记录在表5-6中。

表5-6 我的"智能搅拌机控制系统"结构框图

班级: 组号: 设计:

（4）查找相关资料，选择或设计框图中除"数码管和电机"之外的功能模块的原理电路，记录在表5-7所示的卡片中。

表5-7　智能搅拌机控制系统各部分电路设计（选用）说明卡（1）

班级：	组号：
名称： 电路或说明： 设计：	名称： 电路或说明： 设计：
名称： 电路或说明： 设计：	名称： 电路或说明： 设计：
名称： 电路或说明： 设计：	名称： 电路或说明： 设计：

（5）阅读"认知"内容或查找相关资料，设计或选择数码管和电机模块的原理图，并填写在表5-8所示的卡片中（可文字说明也可画图说明）。

表 5 – 8　智能搅拌机控制系统各部分电路设计（选用）说明卡（2）

组号：	
名称：数码管电路 数码管类型：（单位、双位、四位、共阴、共阳） 电路或说明： 设计：	名称：电机电路 电路或说明： 设计：

二、PCB 板设计

（1）在电子 CAD 软件中，创建你的 PCB 工程及原理图、原理图库文件，PCB 文件、PCB 元件库文件，并将各文件添加到工程，必要时可查阅《PCB 设计指导》中"各种文件创建方法"，或观看"创建电路原理图等文件"微视频，将工程信息记录于表 5 – 9 中。

创建电路原理图等文件

表 5 – 9　我的 PCB 工程信息

组号		设计软件版本	
PCB 工程名			
原理图文件名			
原理图元件库文件名			
PCB 文件名			
PCB 元件库文件名			

（2）绘制"智能搅拌机控制系统"原理电路图，必要时可查阅《PCB 设计指导》中"原理绘制指引"部分内容，或观看电子 CAD 软件使用相关微视频，并在表 5 – 10 中做好记录。

添加原理图元件库

表 5 – 10　"智能搅拌机控制系统"原理电路图绘制

组　号	完成方式：独立□合作□	电气规则检查结果
		无错误□ 有错误□ 注：如有错误，检查原因，再修改，直至无错误才能通过

（3）由原理图导出元件清单，将主要元件填写于表5-11中。

添加元件封装库　为元件添加
　　　　　　　　或更改封装

表5-11　我的"智能搅拌机控制系统"元件及材料清单

班级：　　　　　组号：　　　　　调查：　　　　　制表：

符　号	元件名称	标称值或型号	数　量	备　注

（4）绘制"智能搅拌机控制系统"PCB图，必要时可查阅《PCB设计指导》中"PCB绘制指引"部分内容，或观看相关微视频，并做好记录，见表5-12。

由PCB向导创　　将电路原理　　设置PCB板　　PCB板自动
建PCB文件　　　图导入PCB　　的布线规则　　布线操作

表 5 – 12 "智能搅拌机控制系统" PCB 图设计

组号： 电路板尺寸： PCB 设计：

PCB 主要元件布局情况（分功能模块，画在下面的框中）：
元件布局设计： 元件布局制图：

（5）通过市场调查或查找相关资料，在性价比较高的情况下，确定 PCB 板的加工方式，选择元件并估算制作成本。完成表 5 – 13。

表 5 – 13 我的"智能搅拌机控制系统"制作成本估算

		成本估算	
		方式一	方式二
PCB 板加工、元件 购买途径及决策	PCB 板加工方式		
	电路板加工成本		
	元件购买途径或方式		
	元件成本		
	产品成本估算：		
	决策：		

备注：PCB 板加工方式：如每组独立加工、全班集体加工；元件购买途径或方式：如电子城实体店购买、网站购买、分散购买、集体团购等。

【制作】

一、电路板硬件制作

（1）按元件清单购买/领取元件，并将元件按类型（有些元件还要考虑标称大小）进行分类。

（2）列出要用的工具清单，领取工具，填写工具使用清单。

（3）安装与焊接元件（建议：矮的元件先安装；电阻、二极管元件贴板安装；有极性（方向）的元件要检查其极性（方向）是否正确）。

电阻阻值的识读

二、程序编制

（1）基本思路方法（见图 5 - 62）。

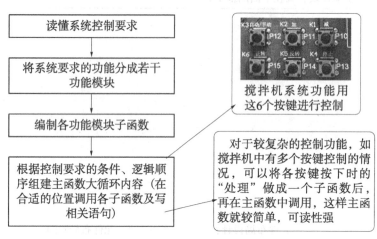

9014、9015极性的
识别与好坏判断

二极管极性识
别与好坏判断

图 5 - 62　搅拌机系统程序编制基本思路方法

（2）电机控制程序组建方案示例 1。

①控制要求与编程思路（见图 5 - 63）。

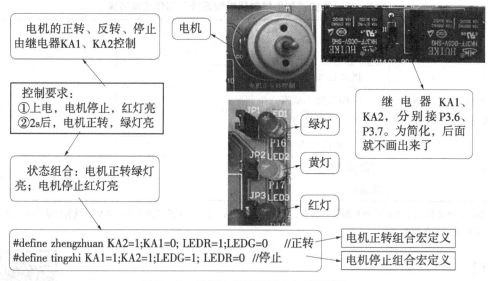

图 5 - 63　示例 1 的控制要求与编程思路

②程序组建参考方案（见图 5 - 64 和图 5 - 65）。

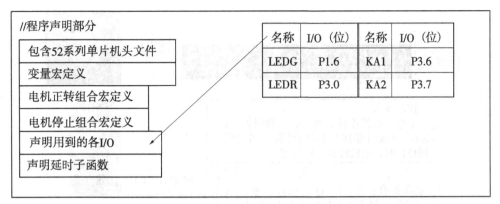

图 5 – 64 示例 1 的程序组建参考方案之声明部分

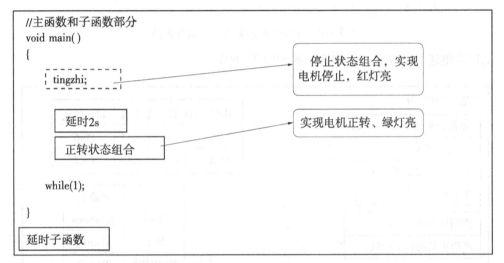

图 5 – 65 示例 1 的程序组建参考方案之主函数和延时子函数

 做一做

根据图 5 – 66 的控制要求组建程序。

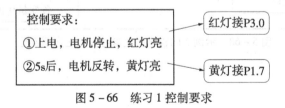

图 5 – 66 练习 1 控制要求

（3）电机控制程序组建方案示例 2。

①控制要求与编程思路（见图 5 – 67）。

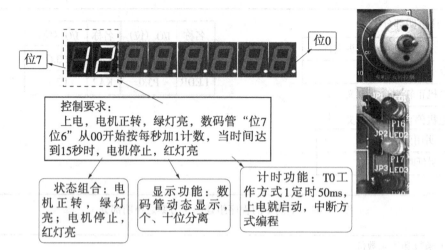

图5-67　示例2的控制要求与编程思路

②程序组建参考方案（见图5-68和图5-69）。

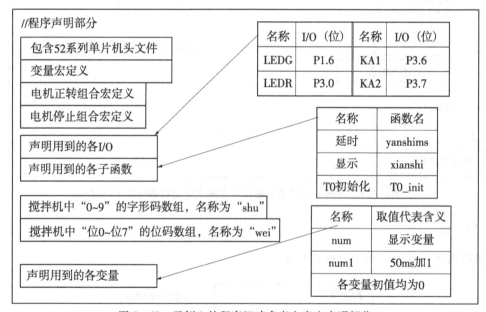

图5-68　示例2的程序组建参考方案之声明部分

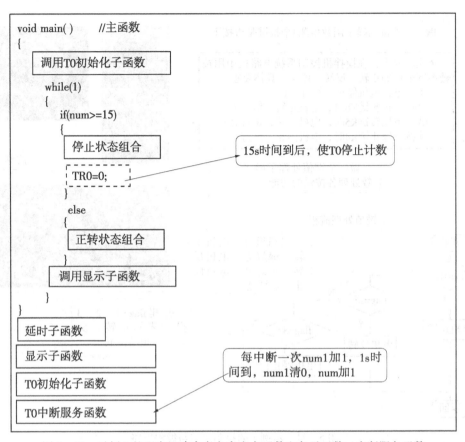

图 5 – 69 示例 2 的程序组建参考方案之主函数和各子函数、中断服务函数

 做一做

根据图 5 – 70 的控制要求组建程序。

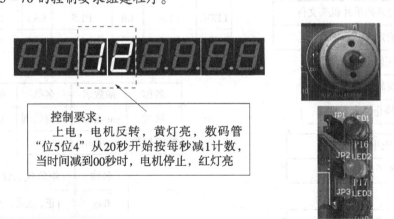

图 5 – 70 练习 2 控制要求

（4）电机控制程序组建方案示例 3。

①控制要求与编程思路（见图 5 –71）。

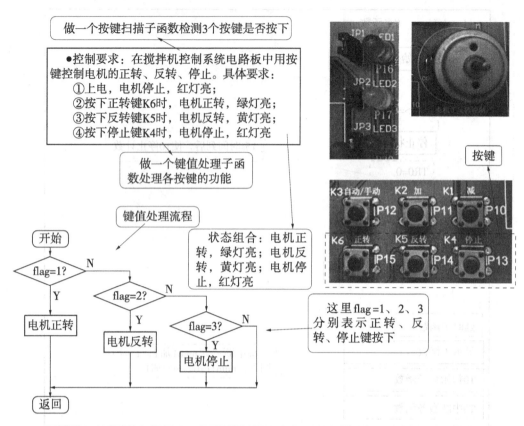

图 5-71　示例 3 的控制要求与编程思路

②程序组建参考方案（见图 5-72 和图 5-73）。

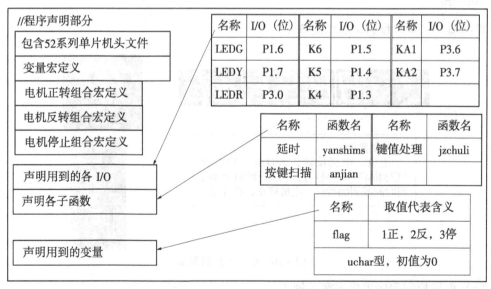

图 5-72　示例 3 的程序组建参考方案之声明部分

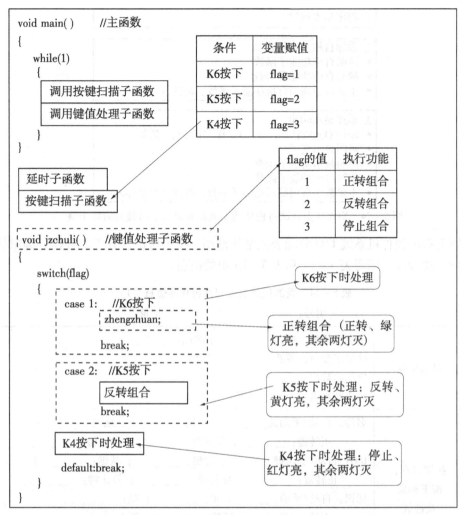

图 5 – 73 示例 3 的程序组建参考方案之主函数和子函数

（5）组建你的搅拌机控制程序。

①细读情境描述中搅拌机控制系统的控制要求，讨论并梳理编程思路，试将其功能划分为若干个功能模块。

②阅读"搅拌机控制系统程序编制示例"，试将其中的自检功能子函数和显示子函数在 XL400 上进行调试。如果有困难，请参照图 5 – 74 所示的步骤进行。

```
┌─────────────────────────────────────────────────┐
│ 1. 程序基本框架                                    │
└─────────────────────────────────────────────────┘
                        ↓
┌─────────────────────────────────────────────────┐
│ 2. 添加自检功能并调试                              │
│ • 声明自检功能子函数                               │
│ • 编写自检功能子函数                               │
│ • 主函数中调用自检功能子函数、调试（大循环外围）     │
└─────────────────────────────────────────────────┘
                        ↓
┌─────────────────────────────────────────────────┐
│ 3. 添加显示功能                                    │
│ • 添加XL400中"0~9、A、H"字形码的数组               │
│ • 声明显示变量                                     │
│ • 声明显示功能子函数                               │
│ • 编写显示功能子函数                               │
│ • 主函数中调用显示功能子函数，调试（大循环内）       │
└─────────────────────────────────────────────────┘
```

图 5-74　XL400 上调试自检功能子函数和显示子函数的简要步骤

③查看智能搅拌机系统 I/O 分配表或结构框图，小组讨论、分工、合作，编制你的搅拌机控制系统程序，填写表 5-14 和表 5-15 中的信息。

表 5-14　我的搅拌机控制系统程序信息（1）

班级：　　　　　　　　　　组号：　　　　　　　　　　记录：

讨论确定	显示信息	①显示位置：模式：_____；时间：_____。 ②显示变量：模式：_____　时间：_____。 字形码数组名：_____； 位码数组名：_____
	按键名称，按下标识及键值	名称：自动/手动键_____；加键：_____；减键：_____； 　　　　正转键：_____；反转键：_____；停止键：_____。 I/O：自动/手动键_____；加键：_____；减键：_____； 　　　正转键：_____；反转键：_____；停止键：_____。 标识：自动/手动_____；加：_____；减：_____； 　　　正转：_____；反转：_____；停止：_____。 键值：自动：_____；手动_____；加：_____；减：_____； 　　　正转：_____；反转：_____；停止：_____。
	指示灯信息	名称：绿灯：_____；黄灯：_____；红灯：_____。 I/O：绿灯：_____；黄灯：_____；红灯：_____
	继电器信息	名称：继电器 KA1：_____；继电器 KA2：_____。 I/O：继电器 KA1：_____；继电器 KA2：_____
	选择的定时/计数器信息	定时/计数器：_____（T0、T1）； 定时时间：_____ ms； TMOD 设置值：_____
	功能子函数名称	自检子函数名：_____； 显示子函数名：_____； 按键扫描子函数名：_____； 键值处理子函数名：_____； 定时器初始化子函数名：_____

表 5 – 15 **我的搅拌机控制系统程序信息（2）**

班级： 组号： 记录：

编制程序框架	全部组员操作	
分工完成 各功能子 函数	自检子函数，负责人：_____ ； 显示子函数，负责人：_____ ； 定时器初始化子函数，负责人：_____ ； 中断服务函数，负责人：_____ ； 按键扫描子函数，负责人：_____ ； 键值处理子函数，负责人：_____	
程序综合	（小组讨论的基础上进行。） 操作：_____	
结果记录	是否编 译通过	通过 □ 未通过□	未通过原因和解决办法：

【检测】

用数字万用表
检测线路通断

用数字万用表
测直流电压

一、电路板测试与检修

（1）请根据表 5 – 16 的提示对图 5 – 23 和图 5 – 24 所示的测试程序进行补充，使其符合测试要求。

表 5 – 16 **搅拌机测试程序补充记录卡**

组　号		耗　时（课时）	

1. 请在程序声明部分补充对K5与K6的声明：

名称	I/O（位）
K5	P1.4
K6	P1.5

2. 请在按键检测子函数中补充对K5与K6检测的语句：

条　件	变量赋值
K5按下	flag=5
K6按下	flag=6

续表 5 – 16

	变量的值	功能
3. 请在主函数中补充K5与K6的测试内容：		
	flag=5	四位数码管都显3
	flag=6	四位数码管都显4

（2）阅读"搅拌机硬件测试示例"，按测试步骤对你的电路板进行测试，并完成表 5 – 17 所示的记录卡，必要时可查阅"搅拌机电路板检修小案例"相关内容。

表 5 – 17　电路板测试情况记录卡

电路板测试情况 （如不正常则填写下面的现象、原因、解决办法）		正常□ 不正常□		
功能模块	现象	原因	解决办法	检修人签名

二、系统综合调试

将你的搅拌机综合程序烧录到单片机并安装到搅拌机电路板进行调试，对照其功能要求进行操作、观察。必要时对照"系统综合调试案例分析与解决办法"进行，将观察到的与系统功能要求不相符的现象（故障现象）记录在表 5 – 18 中。

表 5 - 18 智能搅拌机系统程序综合调试情况记录

项　目	功　能	与系统功能要求不相符的情况（不正确情况下记录）		
		现　象	解决办法	结　果
自检	正确□ 不正确□			
运行前/运行时 各按键操作	正确□ 不正确□			
LED 灯指示	正确□ 不正确□			
数码管显示	正确□ 不正确□			
电机运行 情况	正确□ 不正确□			
其他				

【评估】

一、自我评价（40 分）

由学生根据学习任务的完成情况进行自我评价，评分值记录于表 5 - 19 中。

表 5 - 19 自我评价表

项目内容	配分	评分标准	扣分	得分
1. 认知	15 分	（1）不能根据数码管与单片机接口电路，确定数码管的"笔画"及"位选"控制位，酌情扣 2～3 分； （2）对照流程图写扫描多个独立按键的功能子函数，出现错误，每处扣 1 分； （3）应用 switch 语句处理多分支结构时，出现语法错误，每处扣 1 分； （4）按要求组建实现电机正转、反转或停止的程序，出现语法或功能错误，每处扣 1 分		

项目内容	配分	评分标准	扣分	得分
2. 设计	20分	（1）根据情境描述控制要求统计搅拌机系统所含控制/检测对象的个数或位数，每错一处扣1分； （2）智能搅拌机 I/O 分配不合理，酌情扣2～3分； （3）画搅拌机系统结构框图，出现与 I/O 分配表不对应情况，每处扣1分； （4）选择/设计搅拌机各模块与单片机的接口电路，错一处扣1分； （5）不能设计系统 PCB 图，扣2分； （6）元件清单与系统原理图不相符，每处扣1分		
3. 制作	30分	（1）元件安装出现极性接反等错误，每处扣2分； （2）焊接出现虚焊、明显毛刺等，每处扣1分； （3）焊接工艺不美观，酌情扣2～5分； （4）不能正确完成自己负责的功能子函数，扣3分； （5）不能根据给定的模块程序进行综合，得到系统的综合程序，酌情扣3～8分		
4. 检测	15分	（1）补充测试程序出现错误，扣1分； （2）电路板电源与地出现短路，扣2分； （3）不能正确排查并修正电路板的其他故障，每处扣1分； （4）程序原因导致自检功能不正确，扣1分； （5）程序原因导致按键功能不正确，每个扣1分； （6）数码管显示未进行消隐处理或出现闪烁，扣1分； （7）程序原因导致电机不能转动，扣1分		
5. 安全、文明操作	20分	（1）违反操作规程，产生不安全因素，可酌情扣7～10分； （2）着装不规范，可酌情扣3～5分； （3）迟到、早退、工作场地不清洁每次扣1～2分		
总评分 =（1～5项总分）×40%				

二、小组评价（30分）

由同一学习小组的同学结合自评的情况进行互评，将评分值记录于表5-20中。

表 5 - 20　小组评价表

项目内容	配　分	得　分
1. 学习记录与自我评价情况	20分	
2. 对实训室规章制度的学习和掌握情况	20分	
3. 相互帮助与协作能力	20分	
4. 安全、质量意识与责任心	20分	
5. 能否主动参与整理工具与场地清洁	20分	
总评分 =（1～5项总分）×30%		

三、教师评价（30 分）

由指导教师根据自评和互评的结果进行综合评价，并将评价意见和评分值记录于表 5–21 中。

表 5–21 教师评价表

教师总体评价意见：	
教师评分（30 分）	
总评分 = 自我评分 + 小组评分 + 教师评分	

参加评价的教师签名：

年　月　日

【课外作业】

（1）确定系统各功能模块电路。

（2）查阅资料，了解目前设计 PCB 的常用工具软件。

（3）完成你的系统 PCB 文件。

（4）请编制程序在搅拌机控制系统中实现下面的功能：

①上电，位 1 位 0 两位数码管显示 00。

②按键 K1 是"加"键，每按下一次，数码管显示的数值加 3，加到 60 以上则重新从 0 开始。

③按键 K2 是"减"键，每按下一次，数值减 1，减到 0 则重新从 60 开始。

④按键 K3 是"启动/停止"键，按下时可在启动与停止之间切换，即按下一次，启动，再按下一次则停止，再按下一次又是启动，类推。启动后，系统从当前数值开始每过 1s 自动加 1 计数显示，加到 60 再从 0 开始重复，此时，K1、K2 失效；停止后，系统停止计数，显示原来的数值，此时，可通过 K1、K2 重新设置计时初值。

（5）完成智能搅拌机控制系统的制作报告，报告主要叙述以下内容：

①搅拌机的制作要求。

②制作的主要步骤。

③制作过程中遇到的主要问题及解决办法。

④收获或体会。

学习情境6　制作一个有温控功能的智能搅拌机

【学习情境描述】

最近，李工接到一个公司老客户的"产品升级改造"请求，要在原来"智能搅拌机控制系统"功能的基础上，增加系统环境温度检测与控制功能。具体要求如下：

①能显示当前环境温度。

②当环境温度在正常范围（0～40℃）时，系统正常工作；当温度大于40℃时，系统自动停止工作，并显示 Er 报警。

这位老客户请李工有空时帮忙，就显示面板方面设计一些方案，以供比较与选择。

李工考虑到你们入职学习也有一段时间了，对单片机的应用有了较深的认识，对简单的单片机应用系统硬件设计、制作有了一定的经验，并能应用单片机 C 语言阅读、编制简单的应用程序了，因此，让你们 4 人根据自己对单片机知识的掌握情况，在"智能搅拌机控制系统"的基础上，符合功能要求的前提下，进行一个 DIY 制作。DIY 的内容有：温度检测模块的设计与制作、显示模块的设计与制作。图 6－1 是其中一种参考解决方案。

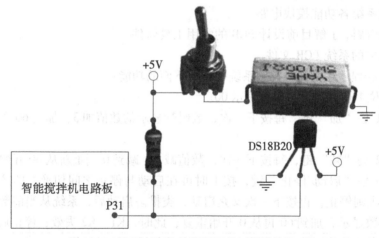

图 6－1　用 DS18B20 检测温度的智能搅拌机系统

【学习目标】

一、知识目标

（1）能叙述温度传感器的作用。

（2）能识别 T0－92 封装的 LM35 温度传感器的 3 个引脚名称。

（3）能识别 DS18B20 温度传感器的 3 个引脚名称。

（4）能将现有程序中的某些功能子函数正确"移植"到目标程序中。

二、技能目标

（1）具备根据控制要求查找资料或手册，结合自己能力选择合适的温控、显示方案的技能。

（2）具备根据自己的方案选配元件，制作与检测模块硬件电路的技能。

（3）具备通过"移植"相关功能函数，实现温度检测或显示效果的技能。

（4）具备根据综合调试过程中出现的"故障"现象，修正程序，实现有温控功能的搅拌机系统控制要求的技能。

三、情感态度与职业素养目标

（1）能注意着装规范，按时出勤。

（2）有安全意识，能规范使用、摆放工具。

（3）有创新意识，能与组员良好沟通、合作。

（4）面对困难与问题，能积极寻求解决办法。

【学习任务结构】（见图 6-2）

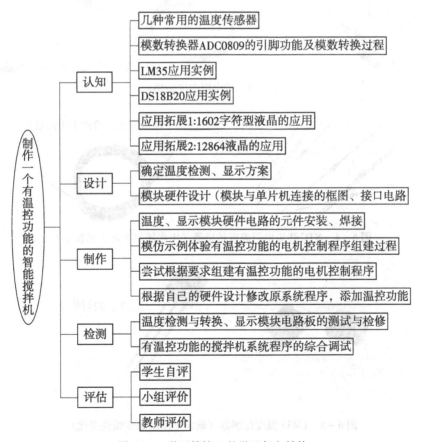

图 6-2 学习情境 6 的学习任务结构

【认知】

一、温度传感器简介

就像人的眼睛能看见物体、耳朵能听见声音、鼻子能闻到气味一样，温度传感器能感知温度的变化，并将温度变化转化成电量（电阻、电流或电压）的变化，以便测量和控制。

工业中常用的温度传感器主要有热电偶、热电阻、热敏电阻及集成电路温度传感器等类型，每一类温度传感器都有其自身的特性（如测温范围、灵敏度、线性度等）和工作环境温度，可根据需要进行选择，具体见各类温度传感器的使用说明。

图 6-3 至图 6-6 是几种单片机应用系统常用的温度传感器实物图。

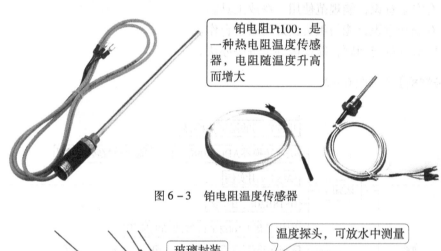

铂电阻Pt100：是一种热电阻温度传感器，电阻随温度升高而增大

图 6-3 铂电阻温度传感器

玻璃封装

温度探头，可放水中测量

图 6-4 NTC 热敏电阻温度传感器（电阻随温度增大而减小）

TO-92封装

图 6-5 LM35 温度传感器（输出电压随温度线性变化）

DS18B20，数字量输出，可直接与单片机接口

图 6 - 6 数字温度传感器

二、ADC0809 简介

1. 实物图

ADC0809 是采用 CMOS 工艺，带有 8 位 A/D 转换器、8 路多路开关的一种逐次逼近式 A/D 转换器（模/数转换器），可以和单片机直接接口。图 6 - 7 是 ADC0809 的实物图。

图 6 - 7 ADC0809 的实物图

2. 引脚说明

ADC0809 是一个 28 脚的芯片，图 6 - 8 是它的引脚及说明。

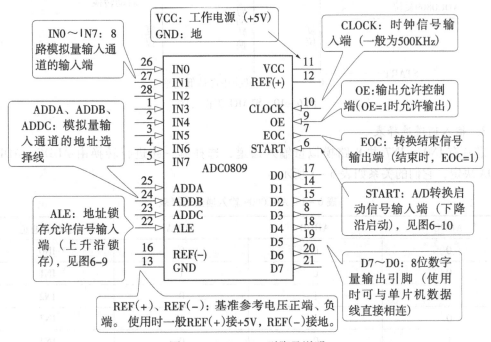

图 6 - 8 ADC0809 引脚及说明

（1）IN0~IN7：8 路模拟量输入端，由地址选择端 ADDC、ADDB、ADDA 决定输入通道。

（2）ALE：地址锁存允许信号，如图 6-9 所示。

（3）START：A/D 转换启动信号，如图 6-10 所示。

（4）CLOCK：时钟信号输入端。频率范围：10KHz～1.2MHz，常用 500KHz。

（5）EOC：转换结束信号。

　　　EOC=0：正在转换；EOC=1：转换结束。可查询。

（6）OE：输出允许信号。

　　　OE=0：三态输出；OE=1：输出转换得到的数据。

（7）VCC：芯片工作电源，接+5V。

（8）REF（+）、REF（-）：基准参考电压的正、负端，使用时 REF（+）接+5V，REF（-）接地。

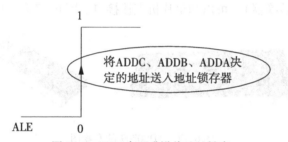

图 6-9　ALE 在上升沿将地址锁存

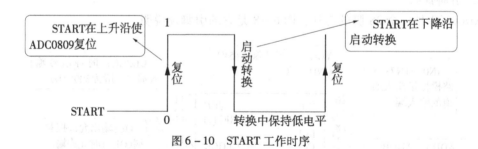

图 6-10　START 工作时序

3．输入通道选择表

芯片有 IN0～IN7 共 8 路模拟量输入通道，选择哪一路进行转换由 ADDC、ADDB、ADDA 决定，它们的关系如表 6-1 所示。

表 6-1　ADC0809 输入通道选择表

ADDC	ADDB	ADDA	选择的通道
0	0	0	IN0
0	0	1	IN1
0	1	0	IN2
0	1	1	IN3
1	0	0	IN4

ADDC	ADDB	ADDA	选择的通道
1	0	1	IN5
1	1	0	IN6
1	1	1	IN7

4. 内部逻辑电路及转换过程说明

如图6-11所示，ADC0809由一个8路模拟开关、一个地址锁存与译码器、一个A/D转换器和一个三态输出锁存器组成。多路开关可选通8个模拟通道，允许8路模拟量分时输入，共用A/D转换器进行转换，转换完成后得到的数字量锁存于三态输出锁存器中，同时EOC端自动置1。当OE端为高电平时，才可以从三态输出锁存器取走转换完的数据。

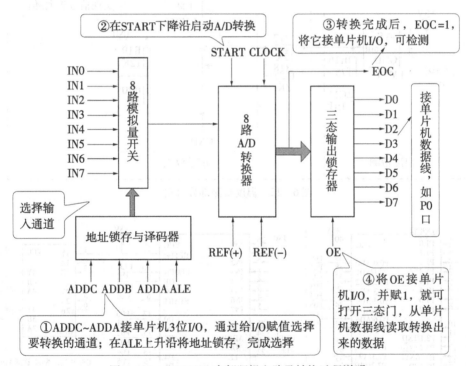

图6-11 ADC0809内部逻辑电路及转换过程说明

三、LM35 应用实例

LM35温度传感器的输出电压随温度线性变化，因此，可以用它来测量温度，但由于它的输出是模拟量，不能和单片机直接接口，使用时，需先将它的输出通过AD转换器（如ADC0809等）将传感器输出的模拟量转换为数字量，再输入到单片机进行处理（见图6-11）。下面举一个例子来说明它与ADC0809在温度检测中的应用。

例程6-1 在万能板上，应用ADC0809制作一个温度检测模块，并与"智能搅拌机系统"电路板上的单片机进行接口，用数码管实时显示温度，显示方式为××.×℃（用数码管显示时，假设"℃"用"C"代替）。

（1）温度检测部分。

如图 6-12 所示，用 LM35 温度传感器检测温度，由于 LM35 的输出电压较小（温度每升高 1℃，输出电压升高 1mV，即 0～100℃ 对应的输出电压为 0～1V），接入 ADC0809 输入通道（IN0）前需进行"信号放大"，故接了由 LM358 组成的放大电路（这里是 5 倍放大电路），得到的"IN0"再接入 ADC0809 的输入通道进行 A/D 转换。

（2）A/D 转换部分。

图 6-13 是 ADC0809 与单片机接口电路，其中温度检测部分的输出"IN0"接到 ADC09809 的输入通道 IN0。

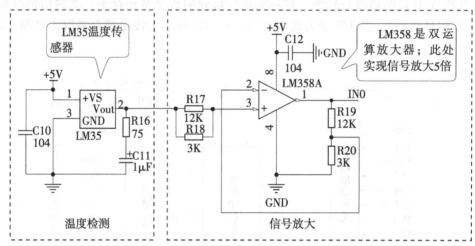

图 6-12　温度检测部分电路

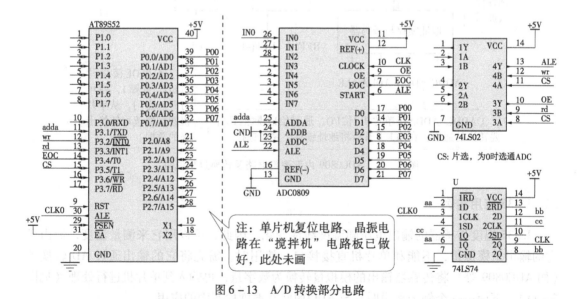

图 6-13　A/D 转换部分电路

（3）关于电路的一些说明。

① 分频电路，如图 6-14 所示是由双 D 触发器组成的四分频电路，其 3 脚接到单片机

ALE 引脚，将单片机 ALE 引脚输出的脉冲（为 1/6 的晶振频率，即 2MHz）进行 4 分频后，从 9 脚得到 500KHz 的输出脉冲，供给 ADC0809 的 CLOCK 端。

②控制信号处理电路，如图 6 - 15 所示，其中 CS 为 ADC0809 的片选信号，当 CS 为 0 时选中芯片（让它可以工作），CS 为 1 时关闭芯片（退出工作）。wr 和 rd 则分别接单片机的 I/O，用于在 CS = 0 时控制 ADC0809 的 ALE（START 与 ALE 连接在一起，使其上升沿锁存地址，下降沿启动转换）和 OE 端。

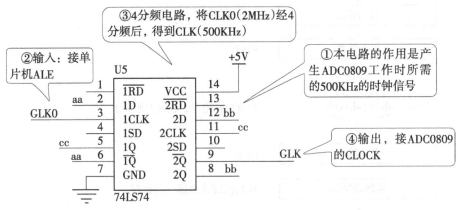

图 6 - 14 四分频电路

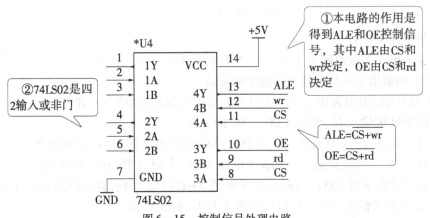

图 6 - 15 控制信号处理电路

（4）A/D 转换流程。

图 6 - 16 是 A/D 转换流程，我们可以参考该流程去编写 A/D 转换子函数。

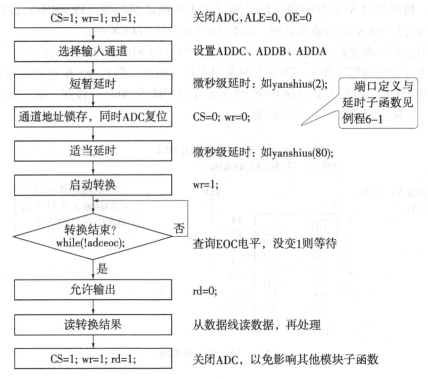

图 6 - 16 A/D 转换流程

（5）转换结果处理。

从温度采集（假设温度为 T ℃）到 A/D 转换的过程可用图 6 - 17 表示。

①LM35 的输出电压与检测到的温度的关系。

LM35 在 0℃时输出为 0V，每升高 1℃，输出电压增加 10mV，即有：$U_{01} = 0.01T$。

②ADC0809 的输入 U_{02} 与输出 D0～D7 的关系。

模拟量（U_{02}）经 A/D 转换后，在 D0～D7 输出的（即 P0 口读到的 X）是二进制形式数字量 0～255。当模拟量上升到参考电压 Vref(+) 时（我们电路接的是 5V），送到 P0 的是二进制形式数字量 255；当模拟量下降到 Vref(−) 时（我们电路中接地，0V），送到 P0 的是二进制形式数字量 0。P0 口读到的 X 与 U_{02} 的关系为：

$$X = \frac{U_{02}}{5} \times 255$$

③温度 T 与 X 的关系。

由 $U_{01} = 0.01T$，$U_{02} = 5 \times U_{01}$，$X = \frac{U_{02}}{5} \times 255$ 三式可得：

$$T = \frac{20X}{51}$$

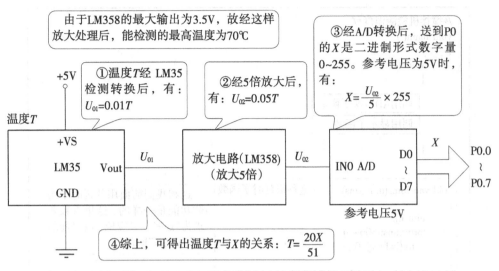

图 6 – 17 LM35 温度采集、A/D 转换过程示意图

（6）参考程序的组建方法，如图 6 – 18 至 6 – 21 所示。

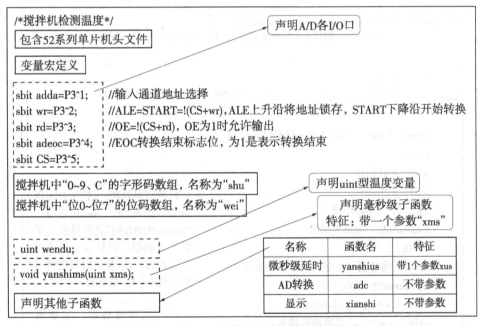

图 6 – 18 例程 6 – 1 参考程序组建之声明部分

```
/*搅拌机检测温度*/
void main( )
{
        while(1)
        {
        ┌──────────────┐
        │ 调用AD转换子函数 │
        ├──────────────┤
        │ 调用显示子函数   │
        └──────────────┘
        }
}

void yanshims(uint xms)      //毫秒级延时子函数
{
        uint i,j;
        for(i=xms;i>0;i--)
                for(j=112;j>0;j--);
}

void yanshius(uchar xus)     //微秒级延时子函数
{
        while(xus--);
}
```

这和我们前面用的延时子函数功能是一样的,这里参数要求为"xms",对应地,改以前的"t"为"xms"即可

这样也可以实现延时。要用到较短时间(如微秒级)的延时时,可以调用它实现

图6-19 例程6-1参考程序组建之主函数和延时子函数

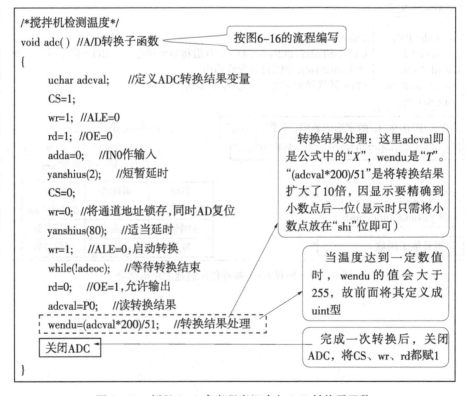

```
/*搅拌机检测温度*/
void adc( )  //A/D转换子函数
{
        uchar adcval;    //定义ADC转换结果变量
        CS=1;
        wr=1;  //ALE=0
        rd=1;  //OE=0
        adda=0;   //IN0作输入
        yanshius(2);   //短暂延时
        CS=0;
        wr=0;  //将通道地址锁存,同时AD复位
        yanshius(80);   //适当延时
        wr=1;   //ALE=0,启动转换
        while(!adeoc);   //等待转换结束
        rd=0;   //OE=1,允许输出
        adcval=P0;   //读转换结果
        wendu=(adcval*200)/51;   //转换结果处理
        关闭ADC
}
```

按图6-16的流程编写

转换结果处理:这里adcval即是公式中的"X",wendu是"T"。"(adcval*200)/51"是将转换结果扩大了10倍,因显示要精确到小数点后一位(显示时只需将小数点放在"shi"位即可)

当温度达到一定数值时,wendu的值会大于255,故前面将其定义成uint型

完成一次转换后,关闭ADC,将CS、wr、rd都赋1

图6-20 例程6-1参考程序组建之A/D转换子函数

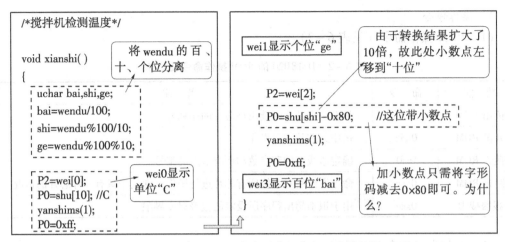

图 6 - 21　例程 6 - 1 参考程序组建之显示子函数

四、DS18B20 应用实例

DS18B20 是 Dallas 半导体公司推出的支持"一线总线"接口的温度传感器，它直接将温度转化成串行数字信号供单片机处理。下面简单介绍这个传感器的应用。

1. 典型应用电路

DS18B20 与单片机接口电路如图 6 - 22 所示。

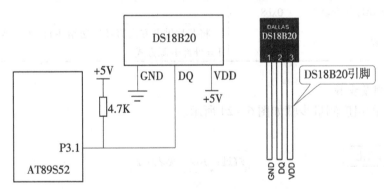

图 6 - 22　DS18B20 与单片机接口电路

2. 操作过程

如图 6 - 23 所示，DS18B20 的操作过程分为初始化、ROM 操作命令、存储器操作命令、数据整理 4 个部分。

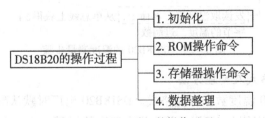

图 6 - 23　DS18B20 的操作过程

3. 操作命令

（1）ROM 操作命令（见表 6-2）。

表 6-2 DS18B20 的 ROM 操作命令及功能

功　能	命　令	备　注
读出 ROM	0x33	只有一个芯片时读出该芯片的序列号
匹配 ROM	0x55	选中某芯片进行操作
搜索 ROM	0xf0	确定总线上的节点数和所有节点的编号
跳过 ROM	0xcc	命令发出后对系统所有芯片进行操作，常用于只有一片芯片的情况
报警搜索	0xec	用于识别超出程序所设定的报警温度界限

（2）存储器操作命令（见表 6-3）。

表 6-3 DS18B20 的存储器操作命令

功　能	命　令	备　注
启动温度转换	0x44	启动后 750ms 内总线上不允许进行其他操作
读取温度寄存器温度	0xbe	读取暂存器中的内容，从 0 开始最多读取 9 个字节
写温度暂存寄存器温度	0x4e	将 2 个字节的数据写入到 DS18B20 暂存器
复制暂存器数值到 EERAM	0x48	保证温度数据不丢失
重读 EERAM 到温度暂存器	0xb8	
读电源	0xb4	将芯片供电方式信号发送给主机，0 = 寄生电源方式，1 = 外部电源方式

4. 温度测量步骤

DS18B20 的温度测量步骤如图 6-24 所示。

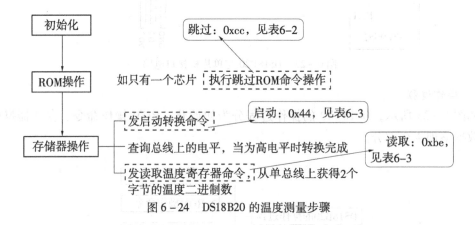

图 6-24　DS18B20 的温度测量步骤

5. 温度数据存储格式及处理方法

表 6-4 是 DS18B20 温度数据存储格式。DS18B20 出厂时默认配置为 12 位，其中最高的 5 位为符号位，即温度值共 11 位，单片机在读取数据时，一次会读 2 字节共 16 位，读

完后将低 11 位的二进制数转化为十进制数后再乘以 0.0625 就是所测的实际温度值。另外，还需判断温度的正负。

表 6 - 4 温度数据存储格式

位 7	位 6	位 5	位 4	位 3	位 2	位 1	位 0
2^3	2^2	2^1	2^0	2^{-1}	2^{-2}	2^{-3}	2^{-4}
位 15	位 14	位 13	位 12	位 11	位 10	位 9	位 8
S	S	S	S	S	2^6	2^5	2^4

前 5 个数字为符号位，这 5 位同时变化，可通过判断第 11 位确定。前 5 位为 1 时，读取的温度为负值，这时，测到的数值需要取反加 1 再乘以 0.0625 才得到实际的温度值；前 5 位为 0 时，读取的温度为正值，只要将测得的数值乘以 0.0625 就是所测的实际温度值，如图 6 - 25 所示。

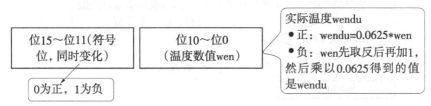

图 6 - 25 DS18B20 转换结果处理

6. 主要流程

（1）复位、初始化流程，如图 6 - 26 所示。

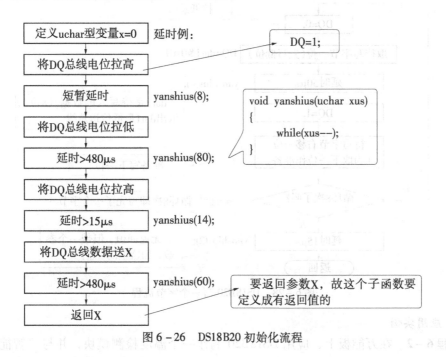

图 6 - 26 DS18B20 初始化流程

（2）读一个字节流程，如图 6 - 27 所示。

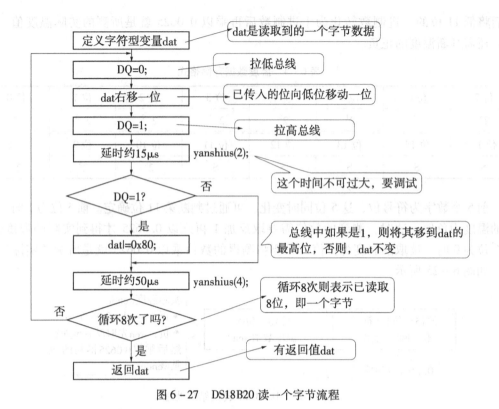

图 6 - 27 DS18B20 读一个字节流程

（3）写一个字节流程，如图 6 - 28 所示。

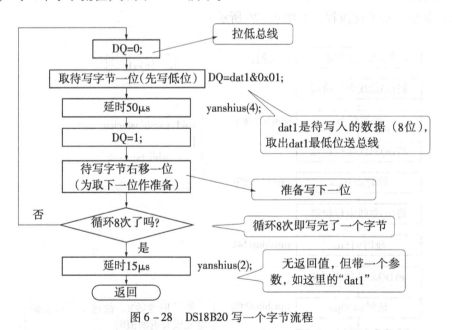

图 6 - 28 DS18B20 写一个字节流程

7. 应用实例

例程 6 - 2 在万能板上，应用 DS18B20 制作一个温度检测模块，并与"智能搅拌机系统"电路板上的单片机进行接口，用数码管实时显示温度，显示方式为 ×××℃ 或 -××

×℃（假设这里"℃"用"C"代替）。

（1）接口电路，见图6-22，DS18B20的总线DQ接至单片机P3.1。

（2）参考程序的组建方法，如图6-29至图6-36所示。

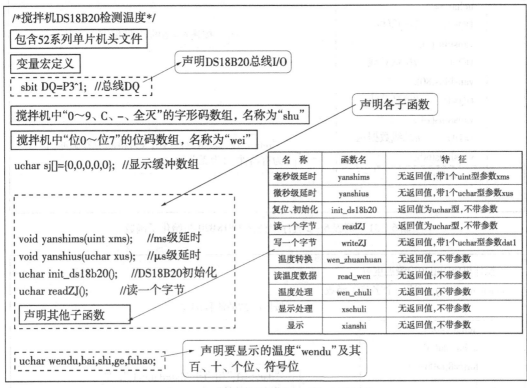

图6-29 例程6-2程序组建之声明部分

/*搅拌机DS18B20检测温度*/
void main( )
{
　　调用DS18B20初始化子函数
　　while(1)
　　{
　　　　调用温度转换子函数
　　　　调用读温度数据子函数
　　　　调用温度处理子函数
　　　　调用显示处理子函数
　　　　调用显示子函数
　　}
}
　　毫秒级延时子函数
　　微秒级延时子函数

图6-30 例程6-2程序组建之主函数和延时子函数

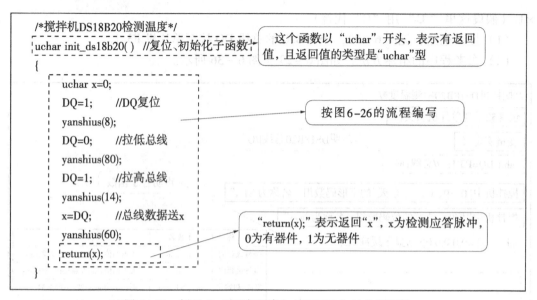

图6-31 例程6-2 程序组建之 DS18B20 初始化子函数

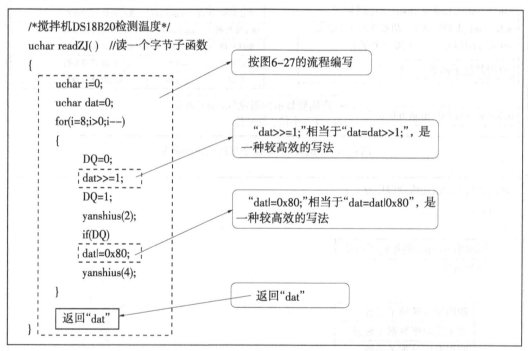

图6-32 例程6-2 程序组建之 DS18B20 读一个字节子函数

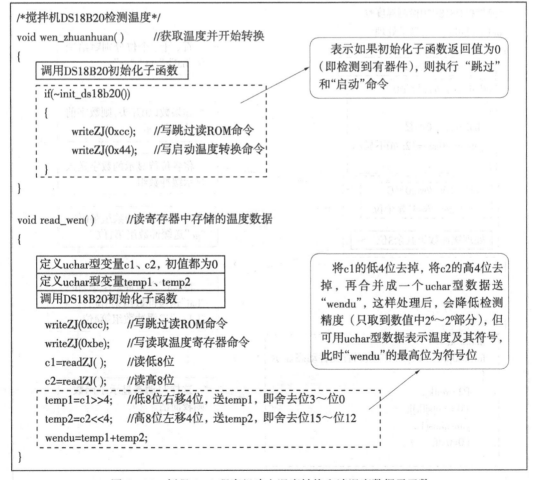

```
/*搅拌机DS18B20检测温度*/
void writeZJ(uchar dat1)        //写一个字节子函数
{
        uchar i=0;
        for(i=8;i>0;i--)
        {
            DQ=0;
            DQ=dat1&0x01;
            yanshius(4);
            DQ=1;
            dat1>>=1;
        }
        yanshius(2);
}
```

按图6-28的流程编写

取出待写入数据dat1的最低位送总线DQ

图 6 – 33　例程 6 – 2 程序组建之 DS18B20 写一个字节子函数

```
/*搅拌机DS18B20检测温度*/
void wen_zhuanhuan( )        //获取温度并开始转换
{
    调用DS18B20初始化子函数
    if(~init_ds18b20())
    {
        writeZJ(0xcc);    //写跳过读ROM命令
        writeZJ(0x44);    //写启动温度转换命令
    }
}

void read_wen( )        //读寄存器中存储的温度数据
{
    定义uchar型变量c1、c2，初值都为0
    定义uchar型变量temp1、temp2
    调用DS18B20初始化子函数

    writeZJ(0xcc);    //写跳过读ROM命令
    writeZJ(0xbe);    //写读取温度寄存器命令
    c1=readZJ( );     //读低8位
    c2=readZJ( );     //读高8位
    temp1=c1>>4;      //低8位右移4位，送temp1，即舍去位3～位0
    temp2=c2<<4;      //高8位左移4位，送temp2，即舍去位15～位12
    wendu=temp1+temp2;
}
```

表示如果初始化子函数返回值为0（即检测到有器件），则执行"跳过"和"启动"命令

将c1的低4位去掉，将c2的高4位去掉，再合并成一个uchar型数据送"wendu"，这样处理后，会降低检测精度（只取到数值中2^6～2^0部分），但可用uchar型数据表示温度及其符号，此时"wendu"的最高位为符号位

图 6 – 34　例程 6 – 2 程序组建之温度转换和读温度数据子函数

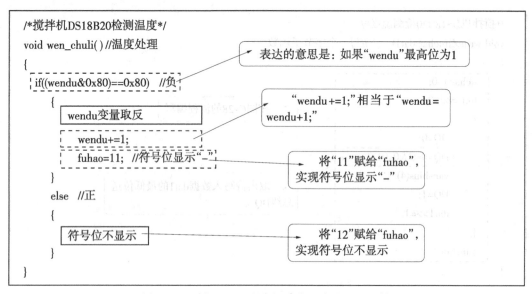

图 6-35　例程 6-2 程序组建之温度处理子函数

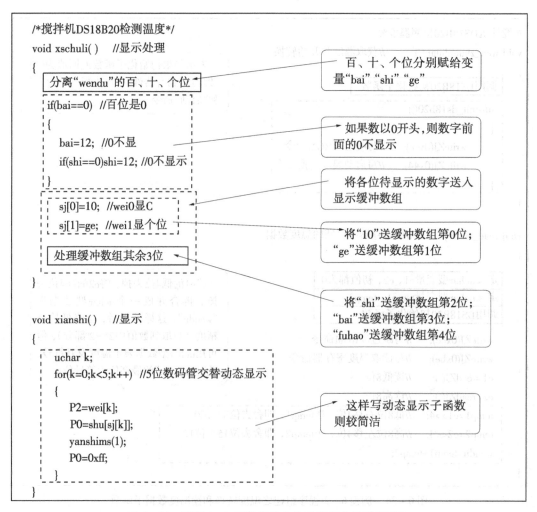

图 6-36　例程 6-2 程序组建之显示处理和显示子函数

认知拓展 各例程参考程序

1. 例程6-1参考程序

```c
/*搅拌机检测温度*/
#include<reg52.h>
#define uchar unsigned char
#define uint unsigned int
sbit adda=P3^1;   // 输入通道地址选择
sbit wr=P3^2;    // ALE=START=!(CS+wr)，ALE上升沿将地址锁存，START下降沿开始转换
sbit rd=P3^3;    // OE=!(CS+rd)，OE为1时允许输出
sbit adeoc=P3^4;   // EOC转换结束标志位，为1是表示转换结束
sbit CS=P3^5;
uchar shu[]={0xc0,0xf9,0xa4,0xb0,0x99,0x92,0x82,0xf8,0x80,0x90,0xC6};   // 0~9、C
uchar wei[]={0xfe,0xfd,0xfb,0xf7,0xef,0xdf,0xbf,0x7f};

uint wendu;
void yanshims(uint xms);
void yanshius(uchar xus);   // 微秒级延时
void adc( );   // AD转换
void xianshi( );   // 显示
void main( )
{
    while(1)
    {
        adc( );   // 调用AD转换子函数
        xianshi( );   // 调用显示子函数
    }
}

void yanshims(uint xms)   // 毫秒级延时子函数
{
    uint i,j;
    for(i=xms;i>0;i--)
        for(j=112;j>0;j--);
}

void yanshius(uchar xus)   // 微秒级延时子函数
```

```
{
    while(xus--);
}

void adc( )    // A/D 转换子函数
{
    uchar adcval;    // 定义 ADC 转换结果变量
    CS=1;
    wr=1;    // ALE=0
    rd=1;    // OE=0
    adda=0;    // IN0 作输入
    yanshius(2);    // 短暂延时
    CS=0;
    wr=0;    // 将通道地址锁存，同时 AD 复位
    yanshius(80);    // 适当延时
    wr=1;    // ALE=0，启动转换
    while(!adeoc);    // 等待转换结束
    rd=0;    // OE=1，允许输出
    adcval=P0;    // 读转换结果
    wendu=(adcval*200)/51;    // 转换结果处理
    CS=1;    // 完成一次转换，关闭 ADC
    wr=1;
    rd=1;
}

void xianshi( )    // 显示子函数
{
    uchar bai,shi,ge;
    bai =wendu/100;
    shi=wendu%100/10;
    ge=wendu%100%10;

    P2=wei[0];
    P0=shu[10];    // C
    yanshims(1);
    P0=0xff;
    P2=wei[1];
```

```
        P0=shu[ge];
        yanshims(1);
        P0=0xff;
        P2=wei[2];
        P0=shu[shi]-0x80;    // 这位带小数点
        yanshims(1);
        P0=0xff;
        P2=wei[3];
        P0=shu[bai];
        yanshims(1);
        P0=0xff;


}
```

2. 例程6-2参考程序

```
/*搅拌机ds18b20检测温度*/
#include<reg52.h>
#define uchar unsigned char
#define uint unsigned int

sbit DQ=P3^1;    // 总线DQ

uchar shu[]=
{0xc0,0xf9,0xa4,0xb0,0x99,0x92,0x82,0xf8,0x80,0x90,0xC6,0xbf,0xff};    // 0~9、C、- 全灭
uchar code wei[]={0xfe,0xfd,0xfb,0xf7,0xef,0xdf,0xbf,0x7f};
uchar sj[]={0,0,0,0,0};    // 显示缓冲数组

void yanshims(uint xms);    // ms级延时
void yanshius(uchar xus);    // us级延时
uchar init_ds18b20();    // 复位、初始化子函数
uchar readZJ();    // 读一个字节
void writeZJ(uchar dat1);    // 写一个字节
void wen_zhuanhuan();    // 开始温度转换子函数
void read_wen();    // 读温度数据
void wen_chuli();    // 温度处理
void xschuli();    // 显示处理
void xianshi();    // 显示子函数
```

```
uchar wendu,bai,shi,ge,fuhao;

void main( )
{
    init_ds18b20( );
    while(1)
    {
        wen_zhuanhuan( );
        read_wen( );
        wen_chuli( );
        xschuli( );
        xianshi( );
    }
}
void yanshims(uint xms)    // ms级延时子函数
{
    uint i,j;
    for(i=xms;i>0;i--)
        for(j=112;j>0;j--);
}

void yanshius(uchar xus)    // us级延时子函数
{
    while(xus--);
}

uchar init_ds18b20( )    // 复位、初始化子函数
{
    uchar x=0;
    DQ=1;   // DQ复位
    yanshius(8);
    DQ=0;   // 拉低总线
    yanshius(80);
    DQ=1;   // 拉高总线
    yanshius(14);
    x=DQ;   // 总线数据送x
    yanshius(60);
```

```c
        return(x);
}

uchar readZJ( )    // 读一个字节子函数
{
    uchar i=0;
    uchar dat=0;
    for(i=8;i>0;i--)
    {
        DQ=0;
        dat>>=1;
        DQ=1;
        yanshius(2);
        if(DQ)
        datl=0x80;
        yanshius(4);
    }
    return(dat);
}

void writeZJ(uchar dat1)    // 写一个字节子函数
{
    uchar i=0;
    for(i=8;i>0;i--)
    {
        DQ=0;
        DQ=dat1&0x01;
        yanshius(4);
        DQ=1;
        dat1>>=1;
    }
    yanshius(2);
}

void wen_zhuanhuan( )    // 获取温度并开始转换
{
    init_ds18b20( );    // 复位
```

```
    if(~init_ds18b20())
    {
        writeZJ(0xcc);    // 写跳过读ROM命令
        writeZJ(0x44);    // 写启动温度转换命令
    }
}

void read_wen()    // 读寄存器中存储的温度数据
{
    uchar c1=0,c2=0;
    uchar temp1,temp2;
    init_ds18b20();    // 复位
    writeZJ(0xcc);    // 写跳过读ROM命令
    writeZJ(0xbe);    // 写读取温度寄存器命令
    c1=readZJ();    // 读低8位
    c2=readZJ();    // 读高8位
    temp1=c1>>4;    // 低8位右移4位，送temp1，即舍去位3~位0
    temp2=c2<<4;    // 高8位左移4位，送temp2，即舍去位15~位12
    wendu=temp1+temp2;
}

void wen_chuli()    // 温度处理
{
    if((wendu&0x80)==0x80)    // 负
    {
        wendu=~wendu;    // 取反
        wendu+=1;
        fuhao=11;    // 符号位显示 "-"
    }
    else    // 正
    {
        fuhao=12;    // 符号位不显示
    }
}

void xschuli()    // 显示处理
{
```

```
        ge=wendu%10;   // 个位
        shi=wendu%100/10;   // 十位
        bai=wendu/100;   // 百位
        if(bai==0)   // 百位是0
        {
              bai=12;   // 0不显
              if(shi==0)shi=12;   // 0不显
        }
        sj[0]=10;   // wei0 显C
        sj[1]=ge;   // wei1 显个位
        sj[2]=shi;   // wei2 显十位
        sj[3]=bai;   // wei3 显百位
        sj[4]=fuhao;   // wei4 显符号位
}

void xianshi( )   // 显示
{
     uchar k;
     for(k=0;k<5;k++)   // 5位数码管交替动态显示
     {
          P2=wei[k];
          P0=shu[sj[k]];
          yanshims(1);
          P0=0xff;
     }
}
```

应用拓展 1　1602 字符型液晶的应用

字符型液晶（1602）显示模块是一种专门用于显示字母、数字、符号等的点阵式 LCD，常用的有 16 * 1（每行 16 个字符、共 1 行），16 * 2（每行 16 个字符、共 2 行），20 * 2 和 40 * 2 等模块。下面介绍 1602 字符型液晶（即每行 16 个字符、共 2 行）的应用与编程方法。

（1）实物图。

1602 字符型液晶通常有 14 个引脚或 16 个引脚，16 脚中多出来的 2 个引脚是背光电源接入引脚，两者的控制原理完全一样。图 6 – 37 是 16 脚 1602 字符型液晶显示器实物图。

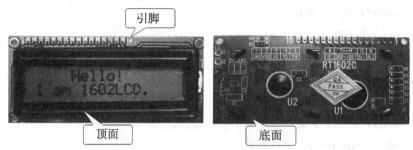

图6-37 1602字符型液晶显示器

（2）引脚功能说明，如表6-5所示。

表6-5 1602液晶引脚功能说明

编号	符号	引脚说明	编号	符号	引脚说明
1	VSS	电源地	9	D2	数据口
2	VDD	电源正极	10	D3	数据口
3	V0	液晶显示器对比度调整端	11	D4	数据口
4	RS	数据/命令选择端	12	D5	数据口
5	R/W	读/写选择端	13	D6	数据口
6	E	使能信号	14	D7	数据口
7	D0	数据口	15	BLA	背光电源正极
8	D1	数据口	16	BLK	背光电源负极

（3）主要技术参数，如表6-6所示。

表6-6 1602液晶主要技术参数

参数名	参数值
显示容量	16×2个字符
芯片工作电压	4.5～5.5V
工作电流	2.0mA（5.0V）
模块最佳工作电压	5.0V
字符尺寸	2.95mm×4.35mm（$W \times H$）

（4）内部存储器说明。

1602LCD内部存储器共分为3种，分别是固定字形ROM，称为CG（Character Generator）ROM；数据显示RAM，称为DD（Data Display）RAM；用户自定义字形RAM，称为CG RAM，如图6-38所示。

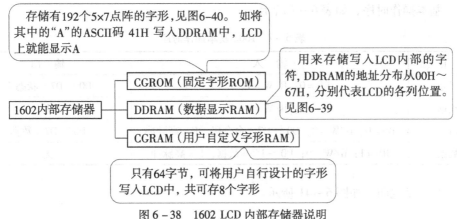

图 6 – 38　1602 LCD 内部存储器说明

（5）RAM 地址映射图。

1602 控制器内部带有 80 字节的 RAM 缓冲区，如图 6 – 39 所示。

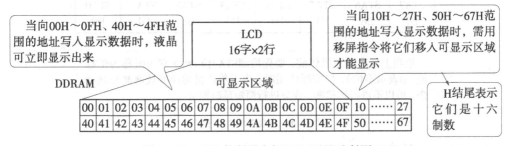

图 6 – 39　1602 控制器内部 RAM 地址映射图

（6）CGROM 存储的字形及其字形码（ASCII 码），如图 6 – 40 所示。

查表方法：读字形对应的列（高位），再读字形对应的行（低位），组成8位编码，再转换成对应的16进制数。例如字形"0"的列0011，行0000，可得其字形为0x30

低位＼高位	0000	0010	0011	0100	0101	0110	0111	1010	1011	1100	1101	1110	1111
××××0000	CGRAM (1)		0	@	P	`	p		―	タ	ミ	α	p
××××0001		!	1	A	Q	a	q	。	ア	チ	ム	ä	q
××××0010		"	2	B	R	b	r	「	イ	ツ	メ	β	θ
××××0011		#	3	C	S	c	s	」	ウ	テ	モ	ε	∞
××××0100		$	4	D	T	d	t	、	エ	ト	ヤ	μ	Ω
××××0101		%	5	E	U	e	u	・	オ	ナ	ユ	σ	ü
××××0110		&	6	F	V	f	v	ヲ	カ	ニ	ヨ	ρ	Σ
××××0111		'	7	G	W	g	w	ア	キ	ヌ	ラ	g	π
××××1000		(	8	H	X	h	x	イ	ク	ネ	リ	∫	x̄
××××1001		)	9	I	Y	i	y	ウ	ケ	ノ	ル	⁻¹	y
××××1010		*	:	J	Z	j	z	エ	コ	ハ	レ	j	千
××××1011		+	;	K	[	k	{	オ	サ	ヒ	ロ	×	万
××××1100		,	<	L	¥	l			ヤ	シ	フ	ワ	¢	円
××××1101		-	=	M	^	m	}	ユ	ス	ヘ	ン	し	÷
××××1110		.	>	N	^	n	→	ヨ	セ	ホ	゛	ñ	
××××1111		/	?	O	_	o	←	ツ	ソ	マ	゜	ö	■

图 6 – 40　1602LCD 的 CGROM 存储的字形及其字形码

（7）基本操作时序，如表6-7所示。

表6-7　1602基本操作时序

操　作	输　入	输　出
读状态	RS=0；R/W=1；E=1	D0~D7=状态字
读数据	RS=1；R/W=1；E=1	无
写命令	RS=0；R/W=0；D0~D7=命令码，E=高脉冲	D0~D7=数据
写数据	RS=1；R/W=0；D0~D7=数据，E=高脉冲	无

（8）状态字说明，如图6-41所示。

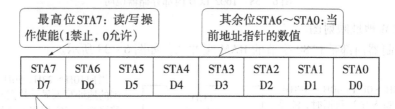

图6-41　1602状态字说明

（9）可显示区域首地址，如图6-42所示。

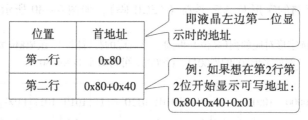

图6-42　1602可显示区域首地址

（10）主要命令及其功能，见表6-8。

表6-8　1602主要命令及功能说明

命　令		功能说明
基本命令	0x38	显示模式：8位数据端口，16x2显示，5x7点阵
	0x06	不移动，读写一个字符后，地址指针加1
	0x01	清屏（显示清0，数据指针清0）
	0x0c	开显示，不显示光标

250

命　令		功能说明
其他命令	0x07	左移
	0x05	右移
	0x04	不移动，读写一个字符后，地址指针减 1
	0x08	关闭显示
	0x18	从右到左移入

（11）主要流程。

①初始化流程，如图 6 - 43 所示。

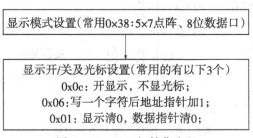

图 6 - 43　1602 初始化流程

②写操作流程，如图 6 - 44 所示。

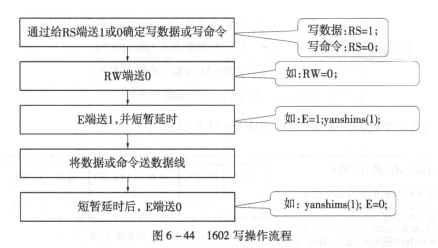

图 6 - 44　1602 写操作流程

例程 6 - 3　应用 AT89S52 单片机驱动 1602 液晶显示如图 6 - 45 所示的信息。

Welcome!
www.gzlis.edu.cn

图 6 - 45　例程 6 - 3 显示内容

①1602 与单片机接口电路，如图 6 - 46 所示。

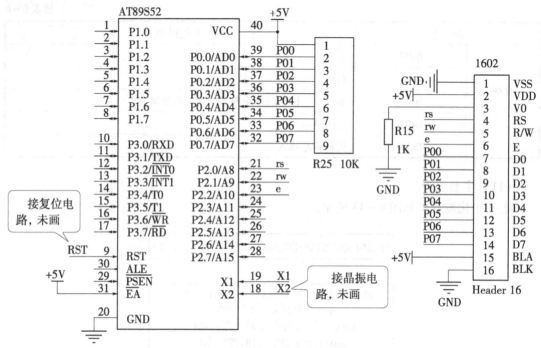

图6-46 1602与单片机接口电路

②控制端及说明，如图6-47所示。

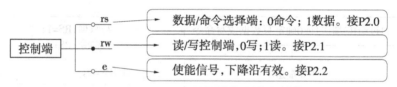

图6-47 例程6-3的控制端及说明

③参考程序组建方法如图6-48至图6-51所示。

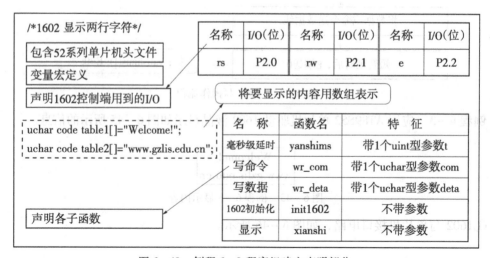

图6-48 例程6-3程序组建之声明部分

```
/*1602 显示两行字符*/
void main( )
{
    [调用1602初始化子函数]
    [调用显示子函数]

    [while(1);]                 ──▶  显示内容写入后, 若
}                                    无更新则不需再循环
[毫秒级延时子函数]
```

图 6-49 例程 6-3 程序组建之主函数和延时子函数

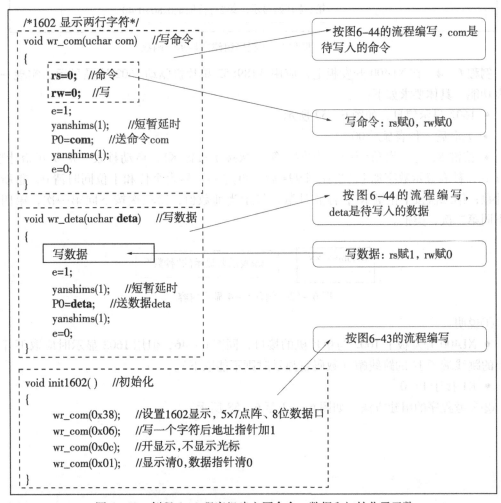

```
/*1602 显示两行字符*/
void wr_com(uchar com)    //写命令          ──▶  按图6-44的流程编写, com是
{                                               待写入的命令
    rs=0;  //命令
    rw=0;  //写                              ──▶  写命令: rs赋0, rw赋0
    e=1;
    yanshims(1);   //短暂延时
    P0=com;        //送命令com
    yanshims(1);
    e=0;
}

void wr_deta(uchar deta)   //写数据           ──▶  按图6-44的流程编写,
{                                               deta是待写入的数据
    [写数据]                                  ──▶  写数据: rs赋1, rw赋0
    e=1;
    yanshims(1);   //短暂延时
    P0=deta;       //送数据deta
    yanshims(1);
    e=0;                                      ──▶  按图6-43的流程编写
}

void init1602( )   //初始化
{
    wr_com(0x38);  //设置1602显示, 5×7点阵、8位数据口
    wr_com(0x06);  //写一个字符后地址指针加1
    wr_com(0x0c);  //开显示, 不显示光标
    wr_com(0x01);  //显示清0, 数据指针清0
}
```

图 6-50 例程 6-3 程序组建之写命令、数据和初始化子函数

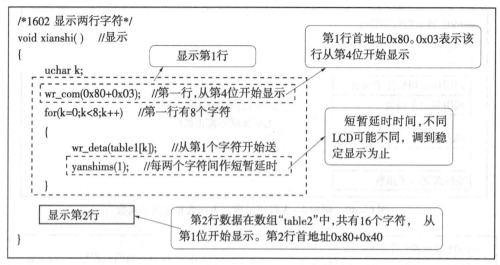

图6-51　例程6-3程序组建之显示子函数

例程6-4　在XL400开发板上，应用AT89S52单片机驱动1602液晶显示，实现一个秒表功能。具体要求如下：

- 1602显示信息，如图6-52所示。
- 上电后，秒表显示00。
- 按键K1为"启动/停止"按键。第一次按下按键K1，启动秒表，从0开始计数，每过1s，秒表显示数字加1，当计满99s后，再过1s，秒表个位和十位同时清0，重新开始计数；第二次按下按键K1，停止计数，显示当前数值；第三次按下同第一次，第四次按下同第二次，类推。

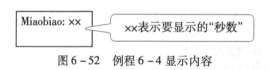

图6-52　例程6-4显示内容

①说明：

- XL400开发板上1602与单片机的接口，同图6-46，但用1602显示时应取下开发板上的跳线端子J2的跳线帽（数码管显示时则不能取下）。
- K1接于P1.0。

②参考程序的组建方法，如图6-53至6-58所示。

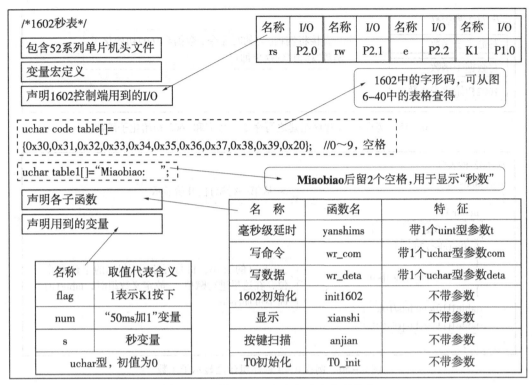

图 6-53   例程6-4程序组建之声明部分

```
/*1602 秒表*/
void main( )
{
    调用1602初始化子函数
    调用T0初始化子函数
    while(1)
    {
        调用按键扫描子函数
        switch(flag)
        {
            case 1: TR0=1;break;   //flag为1,启动
            case 2: TR0=0;break;   //flag为2,停止
        }
        调用显示子函数

    }
}
    毫秒级延时子函数
```

图 6-54   例程6-4程序组建之主函数和毫秒级延时子函数

```
/*1602秒表*/

    写命令子函数

    写数据子函数

    1602初始化子函数
```

直接将例程6-3的写命令、数据和1602初始化子
函数"移植"到这里即可

图6-55 例程6-4程序组建之写命令、数据和1602初始化子函数

```
/*1602秒表*/
void xianshi( )
{
    uchar k;
    wr_com(0x80);
    for(k=0;k<12;k++)
    {
        wr_deta(table1[k]);
    }
    table1[10]=table[s/10];
    table1[11]=table[s%10];
}
```

从第一行第1位开始显示

table1的第10、11号元素分别是s的十位和个
位，在这里进行赋值。 故定义数组时，table1前
面不可加code

图6-56 例程6-4程序组建之显示子函数

```
/*1602秒表*/
void anjian( )
{
    if(K1==0)
    {
        延时消抖
        if(K1==0)
        {
            等待按键释放
            flag++;    //1启动，2停止
            if(flag==3)
            {
                flag=1; s=0;
            }
        }
    }
}
```

K1复合按键，启动和停止
功能。约定flag为1，启动；
flag为2，停止。flag为3则同1

启动时，s从0开始按每
秒加1显示

图6-57 例程6-4程序组建之按键扫描子函数

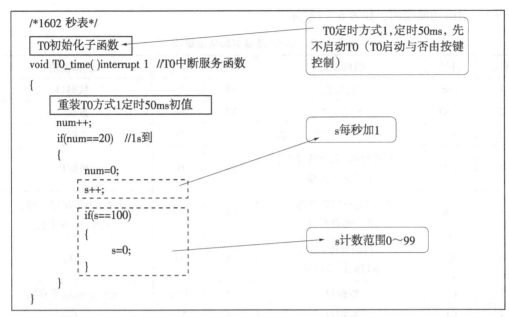

图 6-58 例程 6-4 之 T0 初始化和中断服务函数

应用拓展2 12864 液晶的应用

12864 液晶是一款像素总量为 128×64 的点阵图形式液晶显示器（LCD），可以显示各种图形、曲线、字符、汉字等。12864 点阵液晶屏主要有三种控制器，分别是 KS0107（KS0108）、T6963C 和 ST7920，如图 6-59 所示。这里，我们将以使用 ST7920 控制器的液晶为例，介绍 12864 的用法。

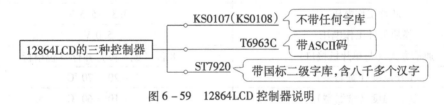

图 6-59 12864LCD 控制器说明

（1）12864 液晶实物图如图 6-60 所示。

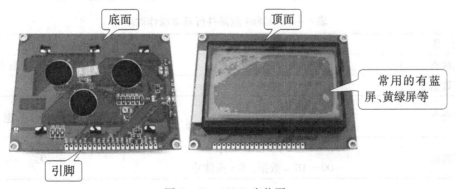

图 6-60 12864 实物图

（2）引脚功能说明，如表6-9所示。

表6-9　12864液晶引脚功能说明

编号	符号	引脚说明	编号	符号	引脚说明
1	VSS	电源地	11	D4	数据口
2	VDD	电源正极	12	D5	数据口
3	V0	液晶显示器对比度调整端	13	D6	数据口
4	RS	并行的数据/命令选择端；串行的片选端	14	D7	数据口
5	R/W	并行的读/写选择端；串行的数据口	15	PSB	并行/串行接口选择，1并行，0串行
6	E	并行的使能信号；串行的同步时钟	16	NC	空脚
7	D0	数据口	17	RST	复位，低电平有效
8	D1	数据口	18	NC	空脚
9	D2	数据口	19	BLA	背光电源正极
10	D3	数据口	20	BLK	背光电源负极

（3）主要技术参数，如表6-10所示。

表6-10　12864液晶主要技术参数

参数名	参数值
显示容量	128×64
芯片工作电压	3.3～5.5 V
模块最佳工作电压	5.0 V
通信方式（与单片机接口）	8位（或4位）并行/3位串行
工作温度（宽温型）	-20～70 ℃
工作温度（常温型）	-10～60 ℃

（4）并行基本操作时序，如表6-11所示，实际上与1602液晶相同。

表6-11　12864液晶并行基本操作时序

操　作	输　入	输　出
读状态	RS=0；R/W=1；E=1	D0～D7=状态字
读数据	RS=1；R/W=1；E=1	无
写命令	RS=0；R/W=0；D0～D7=命令码，E=高脉冲	D0～D7=数据
写数据	RS=1；R/W=0；D0～D7=数据，E=高脉冲	无

（5）状态字说明，如图6-61所示，实际上与1602液晶相同。

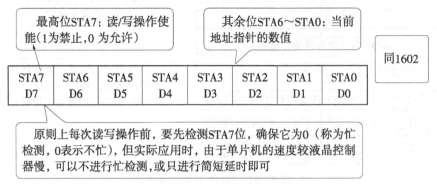

图6-61 12864液晶状态字说明

（6）汉字显示坐标，如表6-12所示。

表6-12 12864液晶汉字显示坐标

Y坐标	X坐标							
第一行	80H	81H	82H	83H	84H	85H	86H	87H
第二行	90H	91H	92H	93H	94H	95H	96H	97H
第三行	88H	89H	8AH	8BH	8CH	8DH	8EH	8FH
第四行	98H	99H	9AH	9BH	9CH	9DH	9EH	9FH

（7）主要命令及其功能，见表6-13。

表6-13 12864液晶主要命令及功能

命　令	功能说明
0x01	清除屏幕显示内容
0x0c	显示状态开，关光标
0x30	基本指令操作，8位数据
0x34	扩充指令操作，8位数据
0x06	光标右移

（8）主要流程。

①初始化流程，如图6-62所示。

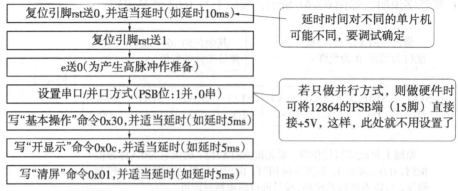

图 6 – 62　12864 初始化流程

②写操作流程，如图 6 – 63 所示。

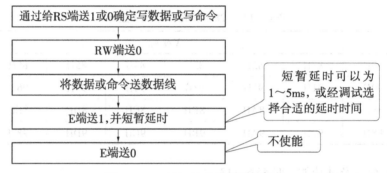

图 6 – 63　12864 液晶的写操作流程

例程 6 – 5　应用 AT89S52 单片机驱动 12864 液晶显示如图 6 – 64 所示的信息。

> 广州轻工职业学校
> 欢迎您！
> www.gzlis.edu. cn
> 2014年10月10日

图 6 – 64　例程 6 – 5 显示内容

①12864 液晶与单片机接口电路，如图 6 – 65 所示。

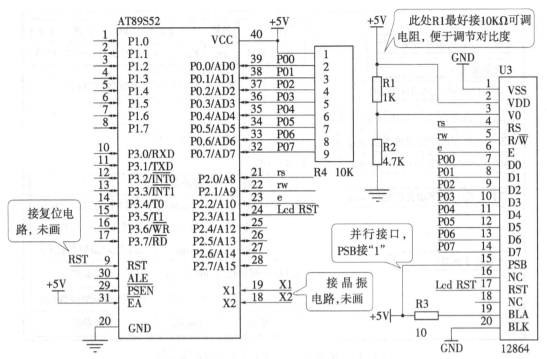

图 6-65 12864 液晶与单片机接口电路

②控制端及说明，如图 6-66 所示。

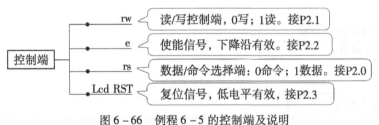

图 6-66 例程 6-5 的控制端及说明

③参考程序的组建方法，如图 6-67 至图 6-72 所示。

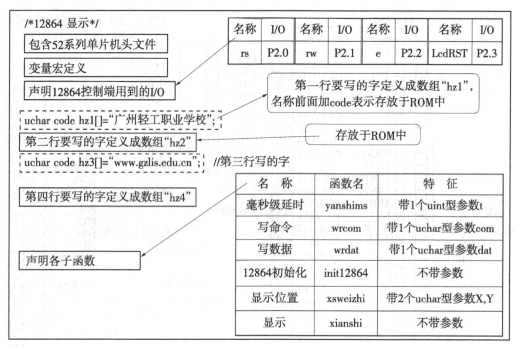

图 6 – 67　例程 6 – 5 程序组建之程序声明部分

```
/*12864 显示*/
void main( )
{
    调用12864初始化子函数
    调用显示子函数
    while(1);
}
毫秒级延时子函数
```

图 6 – 68　例程 6 – 5 程序组建之主函数和延时子函数

```
/*12864 显示*/
void wrcom(uchar com)    //写命令子函数
{
    rs=0;    //命令
    rw=0;    //写
    e=1;
    P0=com;    //送命令
    yanshims(1);
    e=0;    //不使能
}
void wrdat(uchar dat)    //写数据子函数
{
    写数据
    e=1;
    P0=dat;    //送数据
    yanshims(1);
    e=0;    //不使能
}
```

写命令：rs赋0，rw赋0

写数据：rs赋1，rw赋0

图6-69 例程6-5程序组建之写命令和写数据子函数

```
/*12864 显示*/
void init12864( )    //12864初始化子函数
{
    LcdRST=0;    //LcdRST送0
    yanshims(10);    //适当延时
    LcdRST=1;    //LcdRST送1
    e=0;    //使能送0,为写操作产生高脉冲作准备

    wrcom(0x30);    //基本指令操作
    yanshims(5);
    wrcom(0x0c);    //显示开、关光标
    yanshims(5);
    wrcom(0x01);    //清屏
    yanshims(5);
}
```

按图6-62的流程编写即可

图6-70 例程6-5程序组建之12864初始化子函数

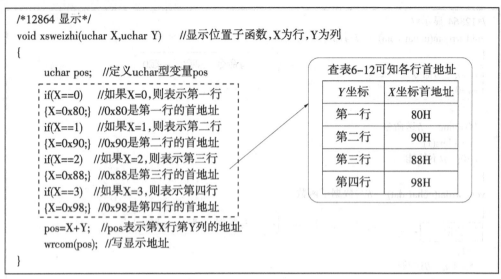

图 6 – 71　例程 6 – 5 程序组建之显示位置子函数

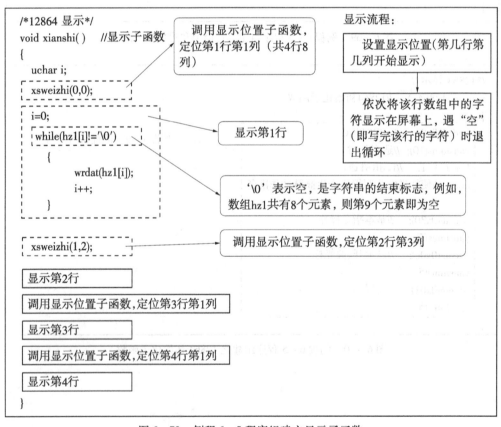

图 6 – 72　例程 6 – 5 程序组建之显示子函数

【设计】

一、确定温度检测、显示方案

阅读"认知"内容相关例程或查找相关资料，结合自己对单片机知识的掌握情况，进行小组讨论，确定自己组的温度检测、显示方案。将相关信息记录于表 6 – 14 中。

表 6 – 14　我的 DIY 信息

班级：　　　　　　　　　　组号：　　　　　　　　　方案策划：

温度检测方案（在选择的方案后的"□"内打√，如选其他，将方案填在"□"后面）	
PT100 + ADC0809　　□； LM35 + ADC0809　　□； 其他　　　　　　　□：	NTC10K + ADC0809　　□； DS18B20　　　　　　□；
显示方案（在选择方案后的"□"内打√，如选其他，将方案填在"□"后面）	
数码管　　□；　　　　1602　□；　　　　12864　□； 其他　　□：	

二、硬件电路设计

（1）根据你选定的方案，查找相关资料，画出你的温度检测与转换模块、显示模块和单片机的连接框图（即系统框图），记录于表 6 – 15 中。

表 6 – 15　温度检测与显示部分框图

          班级：　　　　　　组号：　　　　　设计：

注：如果选择用数码管显示，则由于数码管在"智能搅拌机系统中"已做好，显示部分不需再画在框图中。

（2）根据你选定的方案，阅读"认知"内容或查找相关资料，选择或设计你的温度检测与转换模块功能电路和显示模块功能电路，分别画在 A4 纸中，格式如表 6-16 所示。

表 6-16 我的温度检测与转换（显示）模块电路图

班级：　　　组号：　　　制图：

注：如果选择用数码管显示，则只画温度检测与转换模块电路图。

（3）根据你的模块电路图，在市场调查的基础上，选择元件并列出清单，估算制作成本，分别记录在表 6-17 和表 6-18 中。（注：选择数码管者不用填表 6-18）

表 6-17 我的温度检测与转换模块元件及材料清单

组号：　　　　　　调查：　　　　　　制表：

符　号	元件名称	标称值或型号	数　量
元件购买途径或方式			
模块成本			

注：途径或方式如电子市场、网购、集中网购等。

表6-18 我的显示模块元件及材料清单

组号： 调查： 制表：

符 号	元件名称	标称值或型号	数 量
元件购买途径或方式			
模块成本			

【制作】

一、电路板硬件制作

（1）购买元件，查找并认真阅读各元件的使用说明（特别注意各集成块的方向、引脚），将元件进行分类。

（2）领取工具，填写工具使用清单。

（3）组员做好分工（安装前核对元件及布局、安装与焊接，编写测试程序、电路板测试），将分工情况记录在表6-19中。

电阻阻值的识读

用数字万用表检测线路通断

表6-19 组员分工情况表

组号	元件核对	安装与焊接	编写测试程序	测试与检修

（4）完成温度检测与转换模块和显示模块电路的安装、焊接。

二、程序编制

（1）基本思路方法（见图6-73）。

用数字万用表测直流电压

用数字万用表测电阻

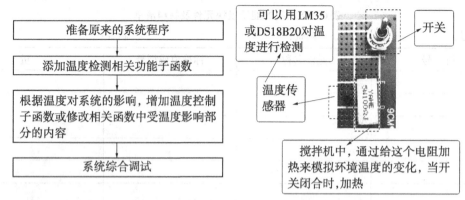

图6-73　加温控功能后程序编制基本思路方法

（2）有温控功能的电机控制程序组建方案示例1。

①控制要求与编程思路（情境5示例2要求的基础上加温控功能，详见图6-74）。

图6-74　示例1控制要求与编程思路

②程序组建参考方案（见图6-75～图6-77）。

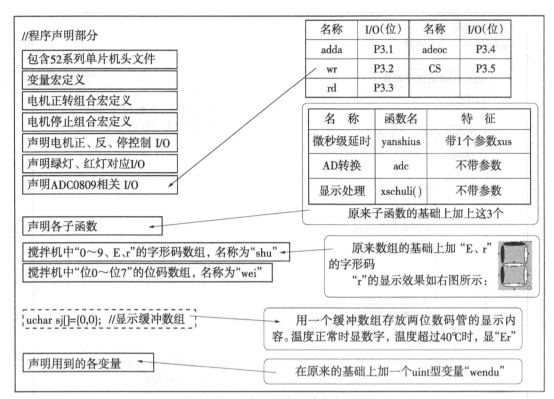

图 6-75 示例 1 程序组建之声明部分

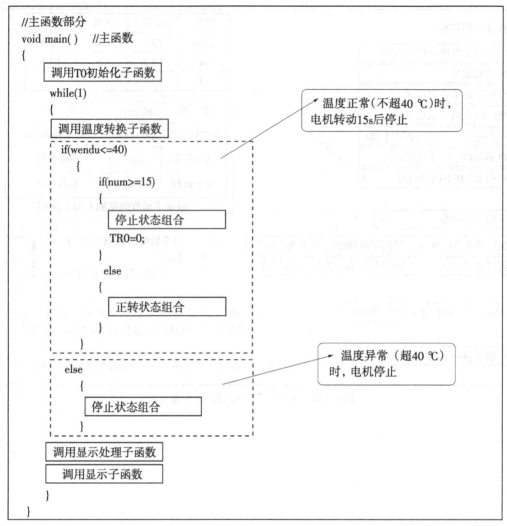

图 6-76　示例 1 程序组建之主函数

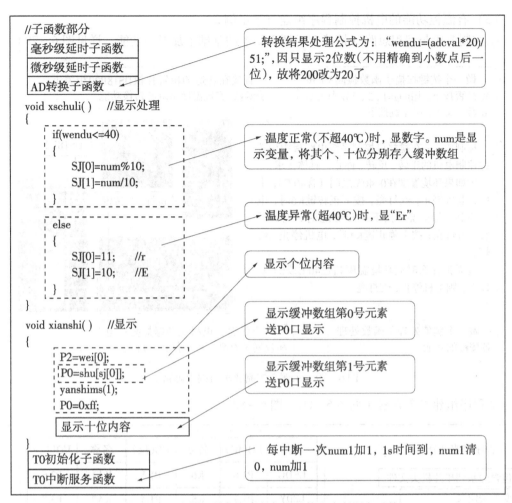

图 6-77 示例 1 程序组建之各子函数和中断服务函数

📝 做一做

试根据图 6-78 所示的控制要求组建程序。

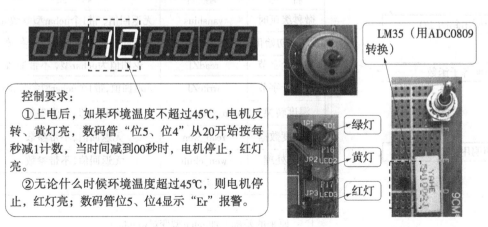

控制要求：

①上电后，如果环境温度不超过45℃，电机反转、黄灯亮，数码管"位5、位4"从20开始按每秒减1计数，当时间减到00秒时，电机停止，红灯亮。

②无论什么时候环境温度超过45℃，则电机停止，红灯亮；数码管位5、位4显示"Er"报警。

图 6-78 控制要求

（3）有温控功能的电机控制程序组建方案示例2。

①控制要求与编程思路（情境5示例3要求的基础上加温控功能，详见图6-79）。

做一个按键扫描子函数检测3个按键是否按下。用flag=1、2、3分别表示正转、反转、停止键按下

直接在合适的位置移植DS18B20相关子函数，实现温度检测与转换功能

控制要求：在搅拌机控制系统电路板中用按键控制电机的正转、反转、停止。具体要求：

①如果环境温度在0~40℃之间（含40℃），上电，电机停止，红灯亮；按下正转键K6时，电机正转，绿灯亮；按下反转键K5时，电机反转，黄灯亮；按下停止键K4时，电机停止，红灯亮

②无论什么时候环境温度超过40℃或0℃及以下，则电机停止，红灯亮

DS18B20

黄灯　按键

做一个键值处理子函数处理各按键的功能

状态组合：电机正转绿灯亮；电机反转黄灯亮；电机停止红灯亮

图6-79　示例2控制要求与编程思路

②程序组建参考方案（见图6-80~图6-82）。

//程序声明部分

包含52系列单片机头文件

变量宏定义

电机正转组合宏定义

电机反转组合宏定义

电机停止组合宏定义

声明用到的 I/O

声明各子函数

声明用到的变量

名称	I/O(位)	名称	I/O(位)	名称	I/O(位)
LEDG	P1.6	K6	P1.5	KA1	P3.6
LEDY	P1.7	K5	P1.4	KA2	P3.7
LEDR	P3.0	K4	P1.3	DQ	P3.1

其中DQ是DS18B20总线

名　称	函数名	特　征
微秒级延时	yanshius	无返回值，带1个uchar型参数xus
复位、初始化	init_ds18b20	返回值为uchar型，不带参数
读一个字节	readZJ	返回值为uchar型，不带参数
写一个字节	writeZJ	无返回值，带1个uchar型参数，dat1
温度转换	wen_zhuanhuan	无返回值，不带参数
读温度数据	read_wen	无返回值，不带参数
温度处理	wen_chuli	无返回值，不带参数

在原来的基础上加上这7个

原来的基础上加uchar型变量wendu

图6-80　示例2程序组建之声明部分

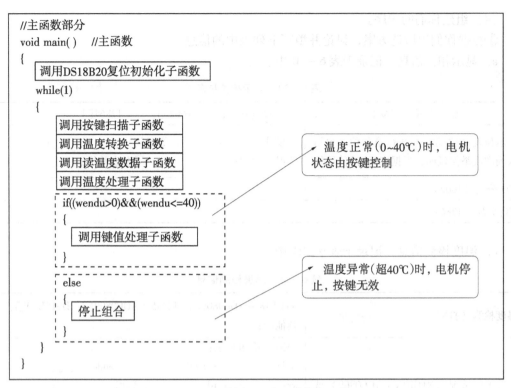

图 6 – 81 示例 2 程序组建之主函数

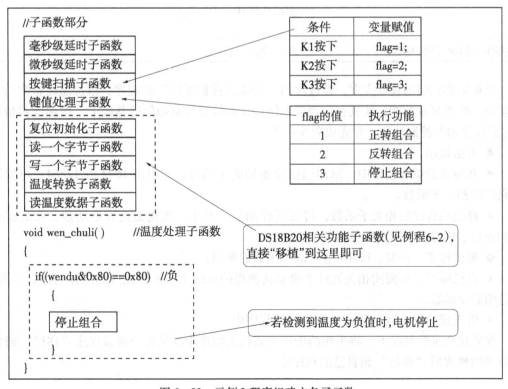

图 6 – 82 示例 2 程序组建之各子函数

（4）组建你们的程序。

①根据你们组所选方案，讨论并填写下列表中的信息。

a. 显示相关信息，记录于表 6 – 20 中。

表 6 – 20　显示相关信息

显示方式（打√）	数码管□；　　　1602□；　　　12864□
显示位置（位几或第几行第几位，也可以画图或举例说明，根据实际需要填写）	①模式：＿＿＿＿＿＿；②时间：＿＿＿＿＿＿；③温度数值：＿＿＿＿＿＿；④温度单位：＿＿＿＿＿＿
I/O 分配（1602）	
I/O 分配（12864）	

b. 温度检测信息，记录于表 6 – 21 中。

表 6 – 21　温度检测信息

温度检测（打√）	NTC10K + ADC0809□；LM35 + ADC0809□；DS18B20□；其他□：
连接 I/O 情况（NTC10K + ADC0809）或（LM35 + ADC0809）	控制（检测）端： adda：＿＿＿＿；addb：＿＿＿＿；addc：＿＿＿＿； wr：＿＿＿＿；rd：＿＿＿＿；EOC：＿＿＿＿； CS：＿＿＿＿ 数据总线 D0 ～ D7：＿＿＿＿
连接 I/O 情况（DS18B20）	总线 DQ：＿＿＿＿

②根据你们组的设计方案，修改你的"智能搅拌机系统"的程序，添加温度检测与控制功能，修改显示功能，使其在实现学习情境 5 的按键控制功能的基础上，增加学习情境 6 的温度显示与控制功能，并完成表 6 – 22。

◆ 方法提示：

● 在原来的综合程序中，添加温度检测功能子函数，如果用 1602 或 12864，也要添加它们的相关子函数。

● 修改原程序的相关子函数，将温度控制写入其中，实现温度控制功能。此处温度影响到显示内容，也影响到电机能否工作。

◆ 温度检测、1602、12864 等功能子函数的来源：

● 自己编写。在阅读相关元件手册及其例程的基础上，按照元件的操作时序、步骤，自己编制子函数。

● 将现成的子函数"移植"到自己的程序中。

在满足要求的情况下，将手册的例程中或他人程序中的某些子函数直接"移植"或是做简单的修改后"移植"到自己的程序中。

表 6-22　具有温控功能的搅拌机系统程序信息

班级：　　　　　　　　　组号：　　　　　　　　　记录：

原综合程序操作	全部组员操作： 将主函数全部内容注释掉，仅留"框架"中主函数部分
分工完成各功能模块	显示功能，负责人：_____ ； 温度检测功能，负责人：_____ ； 温度控制功能，负责人：_____ ； 建议：先单独调试好显示功能模块，然后添加温度检测功能（通过显示验证程序的正确性），再"释放"原综合程序主函数中其他功能，最后再添加温度控制功能
程序综合	（小组讨论的基础上进行） 操作：_____

【检测】

一、电路板测试与检修

（1）编制温度检测模块的测试程序。

提示：可以模仿相关例程编程实现在数码管中显示当前温度。

（2）编制显示模块的测试程序（用数码管显示则不做这一步）。

提示：可以模仿相关例程编程实现在指定位置显示指定文字或符号。

（3）将测试程序代码分别烧录到单片机，再将模块电路与搅拌机系统电路板连接好，安装好单片机，进行测试，并填写表 6-23 和表 6-24 所示的电路板测试记录卡。（注：选择数码管者不用填表 6-24）

表 6-23　温度检测与转换模块电路板制作与测试记录卡

组号		制作耗时（课时）		
错误元件名称	错误原因		是否解决	检修人
测试正确后最终耗时（课时）				

表6-24 显示模块电路板制作与测试记录卡

组号		制作耗时（课时）		
错误元件名称	错误原因		是否解决	检修人
测试正确后最终耗时（课时）				

二、系统综合调试

（1）将你的添加温控功能后的搅拌机综合程序烧录到单片机并安装到搅拌机电路板。

（2）把温度检测与转换模块、显示模块与搅拌机电路板连接好。

（3）系统调试，对照系统功能要求进行操作、观察。将观察到的与系统功能要求不符合的现象（故障现象）及解决办法记录在表6-25中。

表6-25 有温控功能的搅拌机系统程序综合调试情况记录

项目	功能	故障现象及解决办法（不正确情况下记录）		
		现象	解决办法	结果
显示功能	正确□ 不正确□			
温度控制功能	正确□ 不正确□			
其他				

【评估】

一、自我评价（40分）

由学生根据学习任务的完成情况进行自我评价，评分值记录于表6-26中。

表6-26 自我评价表

项目内容	配分	评分标准	扣分	得分
1. 认知	20分	（1）对照 LM35 和 DS18B20 实物，识读它们的引脚名称，错一个扣1分； （2）不能判断 LM35 的输出量是模拟量还是数字量，扣2分； （3）不能判断 DS18B20 的输出量是模拟量还是数字量，扣2分； （4）不能指出 ADC0809 在温度检测模块中的作用，扣2分； （5）对照 ADC0809 实物和引脚说明图，指出它的 VCC、GND、IN0 和数字量输出端的位置，错一个扣1分		
2. 设计	20分	（1）选择温度检测与显示方案欠合理（难度过大、任务量过多等），酌情扣2～3分； （2）画温度检测与转换模块与单片机连接框图，错一处扣1分； （3）画温度检测模块与单片机接口电路图，错一处扣1分； （4）温度检测模块元件（材料）清单与原理电路图不相符，每处扣1分； （5）没有做显示模块，扣3分		
3. 制作	20分	（1）模块元件放置出现错误，每处扣2分； （2）焊接出现虚焊、明显毛刺等，每处扣1分； （3）万能板布局不合理，焊接工艺不美观，酌情扣2～4分； （4）不能将温度检测相关子函数正确"移植"到自己的程序中，组建自己的温度检测功能程序，酌情扣3～5分； （5）不能将 1602 或 12864 相关子函数正确"移植"到自己的程序中，实现相应显示功能，酌情扣3～5分		
4. 检测	20分	（1）不能独立排查并修正模块电路板的故障，酌情扣3～5分； （2）程序原因导致温度检测模块无功能或功能不正确，酌情扣3～5分； （3）程序原因导致搅拌机其他功能异常且不能有效排除，酌情扣3～8分		
5. 安全、文明操作	20分	（1）违反操作规程，产生不安全因素，可酌情扣7～10分； （2）着装不规范，可酌情扣3～5分； （3）迟到、早退、工作场地不清洁每次扣1～2分		
总评分 =（1～5 项总分） ×40%				

二、小组评价（30分）

由同一学习小组的同学结合自评的情况进行互评，将评分值记录于表6-27中。

表6-27　小组评价表

项目内容	配　分	得　分
1. 学习记录与自我评价情况	20分	
2. 对实训室规章制度的学习和掌握情况	20分	
3. 相互帮助与协作能力	20分	
4. 安全、质量意识与责任心	20分	
5. 能否主动参与整理工具与场地清洁	20分	
总评分 =（1～5项总分）×30%		

三、教师评价（30分）

由指导教师根据自评和互评的结果进行综合评价，并将评价意见和评分值记录于表6-28中。

表6-28　教师评价表

教师总体评价意见：	
教师评分（30分）	
总评分 = 自我评分 + 小组评分 + 教师评分	

参加评价的教师签名：

年　　月　　日

【课外作业】

（1）结合本学习情境的测温和显示要求，查找、阅读相关资料，通过电子市场、网络等了解相关元器件的外形、应用、价格等，并将了解到的信息记录于表6-29中。

表 6-29 元件调查表

<table>
<tr><td rowspan="6">测温器件</td><td>类型或名称</td><td>测温范围（℃）</td><td>输出量（电阻、电压、电流、数字量）</td><td>输出量与温度间是否线性</td><td>单价约（元）</td><td>是否符合本项目测温要求</td></tr>
<tr><td>PT100</td><td></td><td></td><td></td><td></td><td></td></tr>
<tr><td>NTC10K</td><td></td><td></td><td></td><td></td><td></td></tr>
<tr><td>LM35</td><td></td><td></td><td></td><td></td><td></td></tr>
<tr><td>DS18B20</td><td></td><td></td><td></td><td></td><td></td></tr>
<tr><td>其他</td><td></td><td></td><td></td><td></td><td></td></tr>
<tr><td rowspan="5">显示器件</td><td>类型或名称</td><td>能显示的字形</td><td>所需个数</td><td>是否带中文字库</td><td>单价约（元）</td><td>是否符合本项目显示要求</td></tr>
<tr><td>数码管</td><td></td><td></td><td></td><td></td><td></td></tr>
<tr><td>1602</td><td></td><td></td><td></td><td></td><td></td></tr>
<tr><td>12864</td><td></td><td></td><td></td><td></td><td></td></tr>
<tr><td>其他</td><td></td><td></td><td></td><td></td><td></td></tr>
</table>

（2） *试在 XL400 的 1602 模块上显示图 6-83 所示的信息。

```
www.gzlis.edu.cn
TEL:020-87058592
```

图 6-83 1602 模块显示信息

（3） *试在 XL400 配置的 12864 液晶模块上显示图 6-84 所示的信息（班级名称和组号可以改）。

```
广州轻工职业学校
13机电  2班  1组
作品名称
创意广告灯："8"
```

图 6-84 12864 液晶模块显示信息

附　录

附录1　单片机智能化小产品

学习情境1用到的4个单片机智能化小产品，如图1所示。

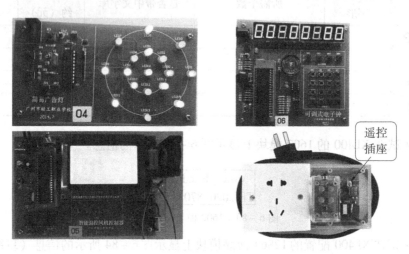

图1　单片机智能化小产品

附录2　例程4-7参考程序

```
//24小时计时显示之声明
#include<reg52.h>
#define uint unsigned int
#define uchar unsigned char
uchar num, h,m,s;

uchar code shu[ ]=
{0x28,0x7e,0xa2,0x62,0x74,0x61,0x21,0x7a,0x20,0x60,0xf7};    // "0~9、–"的编码
uchar wei[]={0x7f,0xbf,0xdf,0xef,0xf7,0xfb,0xfd,0xfe};    //8个数码管的位码
uchar sj[]={0,0,10,0,0,10,0,0};    //时十位时个位–分十位分个位–秒十位秒个位

void yanshims(uint t);
```

```c
void xschuli( );   //显示处理
void xianshi( );   //显示
void T1_init( );

void main( )
{
    T1_init( );
    while(1)
      {
        xschuli( );    //调用显示处理子函数
        xianshi( );     //调用显示子函数
      }
}

void yanshims(uint t)
{
    uint i,j;
      for(i=t;i>0;i--)
        for(j=112;j>0;j--);
}

void xschuli( )   // 显示处理子函数
{
    sj[0]=s%10;   //秒个位
    sj[1]=s/10;    //秒十位
    sj[3]=m%10;   //分个位
    sj[4]=m/10;    //分十位
    sj[6]=h%10;   //时个位
    sj[7]=h/10;    //时十位
}

void xianshi( )    //显示子函数
{
    uchar k;
    for(k=0;k<8;k++)
    {
        P2=wei[k];
        P0=shu[sj[k]];
        yanshims(1);
```

```c
        P0=0xff;
    }
}


void T1_init( )
{
    TMOD=0x10;
    TH1=(65536-50000)/256;
    TL1=(65536-50000)%256;
    EA=1;
    ET1=1;
    TR1=1;
}


void T1_time( )interrupt 3
    {
    TH1=(65536-50000)/256;
    TL1=(65536-50000)%256;
     num++;
     if(num==20)    //1秒到
      {
          num=0;    //num清0
          s++;      //秒变量加1
          if(s==60)   //60秒到
          {
             s=0;   //秒变量清0
                m++;    //分变量加1
                if(m==60)   //60分到
              {
                m=0;   //分变量清0
                h++;    //时变量加1
                if(h==24)    //24小时到
                {
                   h=0;m=0;s=0;   //时、分、秒变量清0
                }
              }
          }
      }
    }
```

附录3　例程4-8参考程序

```c
#include<reg52.h>
#define uint unsigned int
#define uchar unsigned char
void T0_init(void);
uchar num;

void main( )
{
    T0_init( );
    while(1)
      {
            if(num==100)
              {
                    num=0;
                    P0=~P0;    //P0状态取反，实现LED闪烁
              }
      }
}

void T0_init(void)     //T0方式0定时5ms初始化子函数
{
    TMOD=0x00;
    TH0=(8192-5000)/32;
    TL0=(8192-5000)%32;
    EA=1;
    ET0=1;
    TR0=1;
}

void T0_fangshi0( )interrupt 1
{
    TH0=(8192-5000)/32;
    TL0=(8192-5000)%32;
    num++;
}
```

附录4 例程4-9参考程序

```c
#include<reg52.h>
#define uint unsigned int
#define uchar unsigned char
void T0_init(void);
uint  num;

void main( )
{
    T0_init( );
    while(1)
      {
            if(num==2500)
                {
                    num=0;
                    P0=~P0;   //P0状态取反，实现LED闪烁
                }
          }
}

void T0_init(void)     //T0方式2定时0.2ms初始化子函数
{
    TMOD=0x02;
    TH0=256-200;
    TL0=256-200;
    EA=1;
    ET0=1;
    TR0=1;
}

void T0_fangshi2( )interrupt 1
{
    num++;
}
```

附录5　例程4-10参考程序

```c
/*T0方式3应用  */
#include<reg52.h>
#include<intrins.h>
#define uint unsigned int
#define uchar unsigned char
uint num1,num2;
uchar aa=0xfe,bb=0x7f;
void T0_init(void);

void main( )
{
    T0_init( );
    while(1)
      {
          if(num1>=1000)
            {
                num1=0;
                aa=_crol_(aa,1);
            }
          if(num2>=500)
            {
                num2=0;
                bb=_cror_(bb,1);
            }
      }
}

void T0_init(void)
{
    TMOD=0x03;
    TH0=256-200;   //定时200μs
    TL0=256-200;   //定时200μs
    EA=1;
    ET0=1;
    ET1=1;
```

```
        TR0=1;
        TR1=1;
}

void T0_TL0( )interrupt 1
{
        TL0=256-200;
        num1++;
}

void T0_TH0( )interrupt 3
{
        TH0=256-200;   //重装初值
        num2++;
}
```

附录6　智能搅拌机系统综合调试参考程序

```
#include<reg52.h>
#define uint unsigned int
#define uchar unsigned char

sbit K3=P1^2;   //自动/手动
sbit K2=P1^1;   //加
sbit K1=P1^0;   //减
sbit K6=P1^5;   //正转
sbit K5=P1^4;   //反转
sbit K4=P1^3;   //停止
sbit LEDG=P1^6;   //正转指示
sbit LEDY=P1^7;   //反转指示
sbit LEDR=P3^0;   //停止指示
sbit KA1=P3^6;   //继电器KA1 正转KA1=0;KA2=1;
sbit KA2=P3^7;   //继电器KA2 反转KA1=1;KA2=0;

void yanshims(uint t);
void zijian( );   //自检
void xianshi( );   //显示
void T0_init( );   //定时器T0初始化
```

```c
void anjian( );   //按键扫描
void jzchuli( );   //键值处理
uchar code shu[]=
{0xc0,0xf9,0xa4,0xb0,0x99,0x92,0x82,0xf8,0x80,0x90,0x88,0x89,0xff};   //0～9、A、H、全灭字形码
uchar wei[]={0xfe,0xfd,0xfb,0xf7,0xef,0xdf,0xbf,0x7f};   //位码

uchar flagzs,flagjj,flagzft;   //声明变量flagzs（1手动2自动）,flagjj（1加2减）,flagzft（1正2反3停）
uchar moshi=12,num,num1;   //声明变量moshi(模式10自动、11手动), num（显示变量）,num1（中间变量）
uchar step;   //声明变量step

void main( )   //主函数
{
    zijian( );   //自检
    T0_init( );   //T0初始化
    while(1)
    {
        anjian( );   //按键扫描
        jzchuli( );   //键值处理
        xianshi( );   //显示
    }
}

void yanshims(uint t)
{
    uint i,j;
    for(i=t;i>0;i--)
        for(j=112;j>0;j--);
}

void zijian( )   //自检
{
    P2=0x0f;   //高4位全选
    P0=0x00;   //8段全亮
    LEDG=0;LEDY=0;LEDR=0;   //灯全亮
    yanshims(2000);
    P0=0xff;   //8位全灭
    LEDG=1;LEDY=1;LEDR=1;   //灯全灭
}
```

```
void xianshi( )
{
    P2=wei[7];
    P0=shu[moshi];    //模式
    yanshims(1);
    P0=0xff;
    P2=wei[6];
    P0=shu[num/10];    //十位
    yanshims(1);
    P0=0xff;
    P2=wei[5];
    P0=shu[num%10];    //个位
    yanshims(1);
    P0=0xff;
}

void T0_init( )
{
    TMOD=0x01;        //定时器T1工作于方式1
    TH0=(65536−50000)/256;    //装入定时50ms的初值
    TL0=(65536−50000)%256 ;
    EA=1;        //开中断总允许
    ET0=1;        //开定时/计数器T1中断
}

void anjian( )    //按键扫描
{
    if(K3==0)
    {
        yanshims(5);
        if(K3==0)
        {
            while(!K3);
            flagzs++;            //flagzs=1手动; flagzs=2自动
            if(flagzs==3)flagzs=1;
        }
    }
    if(K2==0)
```

```
{
    yanshims(5);
    if(K2==0)
    {
        while(!K2);
        flagjj=1;        //加
    }
}
if(K1==0)
{
    yanshims(5);
    if(K1==0)
    {
        while(!K1);
        flagjj=2;        //减
    }
}
if(K6==0)
{
    yanshims(5);
    if(K6==0)
    {
        while(!K6);
        flagzft=1;   //正转
    }
}

if(K5==0)
{
    yanshims(5);
    if(K5==0)
    {
        while(!K5);
        flagzft=2;   //反转
    }
}
if(K4==0)
{
    yanshims(5);
```

```
        if(K4==0)
        {
            while(!K4);
            flagzft=3;   //停止
        }
    }
}


void jzchuli( )
{
  if(flagzft!=3)   //停止没按下
   {
        if(flagzs==1)   //手动
        {
            moshi=11;    //显 H
            switch(flagjj)
            {
                case 1:flagjj=0;num+=1;if(num==100)num=0;break;
                case 2:flagjj=0;num−=1;if(num==255)num=99;break;
                default:break;
            }

            if(flagzft==1)    //正转
            {
                if(num>0)
                {
                  KA1=0;KA2=1;LEDY=1;LEDR=1;LEDG=0;TR0=1;    //正转
                }
                else
                {
                  KA1=1;KA2=1;LEDG=1;LEDY=1;LEDR=0;TR0=0;   //停止
                  moshi=12;    //模式不亮
                  flagzs=0;         //"自动/手动"标识清0，复位
                  flagzft=0;        //"正反停"标识清0，复位
                }
            }
            if(flagzft==2)   //反转
            {
                if(num>0)
```

```
        {
            KA1=1;KA2=0;LEDG=1;LEDR=1;LEDY=0;TR0=1;   //反转
        }
        else
        {
            KA1=1;KA2=1;LEDG=1;LEDY=1;LEDR=0;TR0=0;   //停止
            moshi=12;   //模式不亮
            flagzs=0;   //"自动/手动"标识清0，复位
            flagzft=0;   //"正反停"标识清0，复位
        }
    }
}
else if(flagzs==2)   //自动
{
    switch(step)
    {
        case 0:   moshi=10;num=15;TR0=1;step=1;break;   //显A，置初值15
        case 1:             //正转
            if(num>0)
            {
                KA1=0;KA2=1;LEDY=1;LEDR=1;LEDG=0;   //正转
            }
            else
            {
                num=2;step=2;
            }
            break;
        case 2:   //停止
            if(num>0)
            {
                KA1=1;KA2=1;LEDG=1;LEDY=1;LEDR=0;   //停止
            }
            else
            {
                num=15; step=3;
            }
            break;
        case 3:   //反转
            if(num>0)
```

```
                    {
                        KA1=1;KA2=0;LEDR=1;LEDG=1;LEDY=0;   //反转
                    }
                    else
                    {
                        step=4;TR0=0;
                    }
                    break;
                case 4:  //完成
                        KA1=1;KA2=1;LEDG=1;LEDY=1;LEDR=0;   //停止，红灯亮
                        step=0;  //step清0，复位
                        moshi=12;flagzs=0;flagzft=0;  //模式不亮，各标识复位
                        break;
                default:break;
            }
        }
    }
    else
    {
        KA1=1;KA2=1;LEDG=1;LEDY=1;LEDR=0;   //停止
        num=0;TR0=0;
        step=0;  //step清0，复位
        moshi=12;  //模式不亮
        flagzft=0;  // "正反停" 标识清0，复位
        flagzs=0;  // "自动/手动" 标识清0，复位
    }
}


void  T0_time( )interrupt 1
 {
    TH0=(65536-50000)/256;   //重装初值
    TL0=(65536-50000)%256;
     num1++;
     if(num1==20)
      {
        num1=0;
        num--;
      }
 }
```

附录7　例程5-3参考程序

```
/*24小时计时＋矩阵键盘*/
#include<reg52.h>
#include<intrins.h>
#define uint unsigned int
#define uchar unsigned char
uchar num,num1,h,m,s;    //num,num1为50ms变量
uchar mflag=0,hflag=0,key,a,b;  //mflag,hflag:分、时设置变量; a,b:分、时个位变量, key为键值
bit mshan,hshan;    //mshan,hshan分别为分、时闪烁变量，为1时不显，为0时正常显
uchar shu[ ]=      //"0~9\-\全灭"的编码
{0x28, 0x7e, 0xa2, 0x62, 0x74, 0x61,0x21, 0x7a, 0x20, 0x60,0xf7,0xff};
uchar wei[ ]={0x7f,0xbf,0xdf, 0xef,0xf7,0xfb,0xfd, 0xfe};    //8个数码管的位码
uchar sj[ ]={0,0,10,0,0,10,0,0};


void yanshims(uint t);
void xschuli( );   //显示处理
void xianshi( );   //显示
void juzhen( );  //矩阵键盘扫描
void jzchuli( );  //键值处理
void T1_init( );  //T1初始化
void T0_init( );   //T0初始化


void main( )
{
    TMOD=0x11;
    EA=1;
    T1_init( );
    T0_init( );
    while(1)
     {
       juzhen( );   //4*4矩阵键盘
       jzchuli( );    //键值处理
       xschuli( );    //显示处理
       xianshi( );    //显示
     }
}
```

```
void yanshims(uint t)
{
    uint i,j;
    for(i=t;i>0;i--)
      for(j=112;j>0;j--);
}

void xschuli( )
{
    sj[0]=s%10;   //秒个位
    sj[1]=s/10;   //秒十位
    if(mshan)     //mshan为1时，"分"不显示
     {
        sj[3]=11;   //全灭，不显
        sj[4]=11;   //全灭，不显
     }
    else        //mshan为0时，"分"正常显示
     {
        sj[3]=m%10;   //分个位
        sj[4]=m/10;      //分十位
     }
    if(hshan)     //hshan为1时，"时"不显示
     {
        sj[6]=11;   //全灭，不显
        sj[7]=11;   //全灭，不显
     }
    else        //hshan为0时，"时"正常显示
     {
        sj[6]=h%10;   //时个位
        sj[7]=h/10;      //时十位
     }
}

void xianshi( )
{
    uchar k;
    for(k=0;k<8;k++)     //8位数码管交替动态显示
```

```
    {
        P2=wei[k];
        P0=shu[sj[k]];
        yanshims(1);
        P0=0xff;
    }
}


void juzhen( )      //矩阵键盘扫描
{
    uchar i,n,temp;
    n=0xfe;      //初值，第一行
    for(i=0;i<4;i++)
    {
        P1=n;
        temp=P1&0xf0;
        if(temp!=0xf0)
        {
            yanshims(5);
            temp=P1&0xf0;
            if(temp!=0xf0)
            {
                temp=P1;
                switch(temp)
                {
                    case 0xee: key=15;break;
                    case 0xde: key=14;break;
                    case 0xbe: key=13;break;
                    case 0x7e: key=12;break;
                    case 0xed: key=11;break;
                    case 0xdd: key=10;break;
                    case 0xbd: key=9;break;
                    case 0x7d: key=8; break;
                    case 0xeb: key=7;break;
                    case 0xdb: key=6;break;
                    case 0xbb: key=5;break;
                    case 0x7b: key=4;break;
                    case 0xe7: key=3;break;
                    case 0xd7: key=2;break;
```

```
                    casc 0xb7: key=1; break;
                    case 0x77: key=0; break;
                }
                while(temp!=0xf0)
                    {
                        temp=P1&0xf0;
                    }
            }
        }
        n=_crol_(n,1);
    }
}


void jzchuli( )
{
  if((key==0)||(key==1)||(key==2)||(key==3)||(key==4)||(key==5)||(key==6)||(key==7)||(key==8)||(key==9))
    {
        if(mflag==1)    //分设置按下一次
        {
            m=a*10+key;      //"分"的个位左移到十位，个位更新为key值
        }
        if(hflag==1)    //时设置按下一次
        {
            h=b*10+key;
        }
      key=20;     //使不反复进入，20可换其它大于15的数
}
else if(key==10)   //启动，不闪，数字键无效
 {
    if((m<60)&&(h<24))     //如果"分"设置有效且"时"设置有效，启动，否则不响应
      {
          TR1=1;TR0=0;mflag=0;hflag=0;mshan=0;hshan=0;
      }
}
else if(key==11)    //停止，不闪，各位清0
{
      TR1=0;TR0=0;h=0;m=0;s=0;
}
else if(key==12)   // "分" 设置
```

```
{
    key=20;     //清键值
    TR1=0;TR0=1;    //停止计数，启动闪烁
      mflag++;
    if(mflag==2)    //按下第二次功能同启动
    {
       if(m<60)   //若分设置小于60为有效，启动
          {
              mflag=0;TR1=1;TR0=0;mshan=0;hshan=0;
          }
         else mflag=1;    //否则，继续闪，重设
      }
}
else if(key==13)    // "时" 设置
{
        key=20;        //清键值
        TR1=0;TR0=1;   //停止计数，启动闪烁
        hflag++;
        if(hflag==2)    //按下第二次功能同启动
        {
          if(h<24)   //若时设置小于24为有效，启动
            {
               hflag=0;TR1=1;TR0=0;mshan=0;hshan=0;
            }
             else hflag=1;    //否则，继续闪，重设
        }
}
   else
   {

   }
  a=m%10;    // 取出 "分" 的个位备用
  b=h%10;    // 取出 "时" 的个位备用
}

void T1_init( )
{
    TH1=(65536-50000)/256;
    TL1=(65536-50000)%256;
```

```
    ET1=1;
}

void T0_init( )
{
    TH0=(65536-50000)/256;
    TL0=(65536-50000)%256;
    ET0=1;
}

void T1_time( )interrupt 3
{
    TH1=(65536-50000)/256;
    TL1=(65536-50000)%256;
    num++;
     if(num==20)   //1秒到
      {
       num=0;   //num清0
       s++;     //秒变量加1
       if(s==60)    //60秒到
         {
                s=0;    //秒变量清0
                m++;    //分变量加1
                if(m==60)    //60分到
                {
                    m=0;    //分变量清0
                    h++;    //时变量加1
                    if(h==24)    //24小时到
                    {
                        h=0;m=0;s=0;    //时、分、秒变量清0
                    }
                }
         }
      }
}

void T0_time( )interrupt 1
{
    TH0=(65536-50000)/256;
```

```
        TL0=(65536-50000)%256;
        num1++;
        if(num1==10)
        {
            num1=0;
            if(mflag==1) mshan=~mshan;    //如果在分设置有效状态下，每0.5s分闪烁
            if(hflag==1) hshan=~hshan;    //如果在时设置有效状态下，每0.5s时闪烁
        }
}
```

附录8　例程5-4参考程序

```
/*外部中断0应用 */
#include<reg52.h>
#define uint unsigned int
#define uchar unsigned char
void yanshims(uint);      // 声明延时子函数
void int0_init(void);     // 声明中断初始化函数

void main( )
{
    int0_init( );     //调用外部中断初始化子函数
    while(1)
      {
          P0=~P0;            //P0的值取反
          yanshims(600);      // 延时600ms
      }
}

void yanshims(uint t)     //延时子函数
{
    uint i,j;
    for(i=t; i>0; i--)          //i=t即延时约t ms
      for(j=112;j>0;j--);
}

void int0_init(void)     //中断外部0初始化子函数
{
```

```
    EA=1;        //打开中断总允许
    EX0=1;       //打开外部中断0
    IT0=0;       //设置外部中断0信号为低电平触发
}


void waibu0(void)interrupt 0    //外部中断0中断服务函数
{
    P2=0x00;    //全亮
    yanshims(4000);
    P2=0xff;    //全灭
}
```

附录9 例程5-5参考程序

```
/*应用两个外部中断 */
#include<reg52.h>          //52系列单片机头文件
#include<intrins.h>         //包含_crol_函数的头文件
#define uint unsigned int       //宏定义
#define uchar unsigned char      //宏定义


void yanshims(uint);        //声明延时子函数
void int_init(void);        //声明外部中断初始化函数


void main( )
{
    int_init( );         //调用外部中断初始化函数
    while(1)          //大循环
    {
        P0= ~P0;        //P0的值取反
        yanshims(600);     //延时600ms
    }
}
void yanshims(uint t)
{
    uint i,j;
    for(i=t; i>0; i--)
      for(j=112;j>0;j--);
}
```

```
void int_init(void)     //外部中断初始化子函数
{
    EA=1;        //打开中断总允许
    EX0=1;       //打开外部中断0
    EX1=1;       //打开外部中断1
    IT0=0;       //设置外部中断0信号为低电平触发
    IT1=0;       //设置外部中断1信号为低电平触发
}

void int0(void)interrupt 0      //外部中断0中断服务函数
{
    uchar i,aa=0xfe;
    for(i=24;i>0; i--)    //循环24次，实现左移循环3次
    {
        P0=aa;        //将aa赋给P0，点亮相应的LED
        yanshims(500);
        aa=_crol_(aa,1);  // aa的值循环左移一位，再赋给aa
    }
    P0=0xff;        //完成了3次循环左移后，全灭
}

void int1(void)interrupt 2      //外部中断1中断服务函数
{
    uchar i;
    P0=0xf0;        //点亮低4位的LED
    for(i=6;i>0; i--)      //取反2次为闪烁一次
    {
        P0=~P0;      //P0的值取反
        yanshims(500);
    }
    P0=0xff;
}
```

附录10　例程6-3参考程序

```
/*1602 显示两行字符 */
#include<reg52.h>
#define uint unsigned int
```

```
#define uchar unsigned char
uchar code table1[]="Welcome!";
uchar code table2[]="www.gzlis.edu.cn";
sbit rs=P2^0;
sbit rw=P2^1;
sbit e=P2^2;
void yanshims(uint t);    //ms级延时
void wr_com(uchar com);    //写命令
void wr_deta(uchar deta);    //写数据
void init1602();    //初始化
void xianshi();    //显示

void main()
{
    init1602();    //初始化
    xianshi();    //显示
    while(1);
}

void yanshims(uint t)    //延时子函数
{
    uint i,j;
    for(i=t;i>0;i--)
      for(j=112;j>0;j--);
}

void wr_com(uchar com)    //写命令
{
    rs=0;    //命令
    rw=0;    //写
    e=1;
    yanshims(1);    //短暂延时
    P0=com;    //送命令com
    yanshims(1);
    e=0;
}

void wr_deta(uchar deta)    //写数据
{
```

```
    rs=1;    //数据
    rw=0;    //写
    e=1;
    yanshims(1);    //短暂延时
    P0=deta;    //送数据deta
    yanshims(1);
    e=0;
}

void init1602( )    //初始化
{
    wr_com(0x38);    //设置1602显示，5X7点阵、8位数据口
    wr_com(0x06);    //写一个字符后地址指针加1
    wr_com(0x0c);    //开显示，不显示光标
    wr_com(0x01);    //显示清0，数据指针清0
}

void xianshi( )    //显示
{
    uchar k;
    wr_com(0x80+0x03);    //第一行，从第4位开始显示
    for(k=0;k<8;k++)    //第一行有8个字符
    {
        wr_deta(table1[k]);    //从第1个字符开始送
        yanshims(1);    //每两个字符间作短暂延时
    }
    wr_com(0x80+0x40);    //第二行，从第1位开始显示
    for(k=0;k<16;k++)    //第一行有16个字符
    {
        wr_deta(table2[k]);
        yanshims(1);
    }
}
```

附录11　例程6-4参考程序

```
/*1602秒表*/
#include<reg52.h>
```

```c
#define uint unsigned int
#define uchar unsigned char
uchar code table[]=
{0x30,0x31,0x32,0x33,0x34,0x35,0x36,0x37,0x38,0x39,0x20};    //0~9，空格
uchar table1[]="Miaobiao:   ";
sbit rs=P2^0;
sbit rw=P2^1;
sbit e=P2^2;
sbit K1=P1^0;
void yanshims(uint t);
void wr_com(uchar com);   //写命令
void wr_deta(uchar deta);   //写数据
void init1602( );   //初始化
void xianshi( );   //显示
void anjian( );   //按键检测
void T0_init( );   //T0初始化
uchar flag=0,num,s;

void main( )
{
    init1602( );
    T0_init( );
    while(1)
    {
        anjian( );   //按键检测
        switch(flag)
        {
            case 1: TR0=1;break;   //flag为1，启动
            case 2: TR0=0;break;   //flag为2，停止
        }
        xianshi( );   //显示
    }
}
```

延时子函数(同例程6-3)

1602写命令、数据和初始化子函数(同例程6-3)

```c
void xianshi( )
{
```

```
    uchar k;
    wr_com(0x80);
    for(k=0;k<12;k++)
    {
        wr_deta(table1[k]);
    }
    table1[10]=table[s/10];
    table1[11]=table[s%10];
}

void anjian( )
{
    if(K1==0)
    {
        yanshims(5);
        if(K1==0)
        {
            while(!K1);
            flag++;   //1启动，2停止
            if(flag==3)
            {
                flag=1;    s=0;
            }
        }
    }
}

void T0_init( )   //T0初始化
{
    TMOD=0x01;
    TH0=(65536−50000)/256;
    TL0=(65536−50000)%256;
    EA=1;
    ET0=1;
}
void T0_time( )interrupt 1    //T0中断服务函数
{
    TH0=(65536−50000)/256;
    TL0=(65536−50000)%256;
```

```
        num++;
        if(num==20)   //1秒到
        {
            num=0;
            s++;
            if(s==100)
            {
                s=0;
            }
        }
}
```

附录12 例程6-5参考程序

```
/*12864 显示 */
#include<reg52.h>
#define uint unsigned int
#define uchar unsigned char
uchar code hz1[]="广州轻工职业学校";  //第一行写的字
uchar code hz2[]="欢迎您！";  //第二行写的字
uchar code hz3[]="www.gzlis.edu.cn";  //第三行写的字
uchar code hz4[]="2014年10月10日";  //第四行写的字

sbit rs=P2^0;  //数据命令选择
sbit rw=P2^1;  //读写选择
sbit e=P2^2;  //使能
sbit LcdRST=P2^3;  //复位

void yanshims(uint t);  //ms级延时子函数
void wrcom(uchar com);  //写命令子函数
void wrdat(uchar dat);  //写数据子函数
void init12864( );  //初始化子函数
void xsweizhi(uchar X,uchar Y);  //显示位置子函数
void xianshi( );  //显示子函数

void main( )
{
    init12864( );
```

```
    xianshi( );
    while(1);
}
```

┌─────────────────────────────┐
│ 毫秒级延时子函数（同例程6-3） │
└─────────────────────────────┘

```
void wrcom(uchar com)   //写命令子函数
{
    rs=0;   //命令
    rw=0;   //写
    e=1;
    P0=com;   //送命令
    yanshims(1);
    e=0;   //不使能
}


void wrdat(uchar dat)   //写数据子函数
{
    rs=1;   //数据
    rw=0;   //写
    e=1;
    P0=dat;   //送数据
    yanshims(1);
    e=0;   //不使能
}


void init12864( )   //初始化子函数
{
    LcdRST=0;   //LcdRST送0
    yanshims(10);   //适当延时
    LcdRST=1;   //LcdRST送1
    e=0;   //使能送0，为写操作产生高脉冲作准备

    wrcom(0x30);   //基本指令操作
    yanshims(5);
    wrcom(0x0c);   //显示开、关光标
    yanshims(5);
    wrcom(0x01);   //清屏
    yanshims(5);
```

```
}

void xsweizhi(uchar X,uchar Y)    //显示位置子函数，X为行，Y为列
{
    uchar pos;        //定义uchar型变量pos
    if(X==0)      //如果X=0，则表示第一行
    {X=0x80;}     //0x80是第一行的首地址
    if(X==1)      //如果X=1，则表示第二行
    {X=0x90;}     //0x90是第二行的首地址
    if(X==2)      //如果X=2，则表示第三行
    {X=0x88;}     //0x88是第三行的首地址
    if(X==3)      //如果X=3，则表示第四行
    {X=0x98;}     //0x98是第四行的首地址
    pos=X+Y;      //pos表示第X行第Y列的地址
    wrcom(pos);     //写显示地址
}

void xianshi( )    //显示子函数
{
    uchar i;
    xsweizhi(0,0);   //第1行第1列（共4行8列）
    i=0;
    while(hz1[i]!='\0')
      {
          wrdat(hz1[i]);
          i++;
      }

    xsweizhi(1,2);   //第2行第3列
    i=0;
    while(hz2[i]!='\0')
      {
          wrdat(hz2[i]);
          i++;
      }

    xsweizhi(2,0);   //第3行第1列
    i=0;
    while(hz3[i]!='\0')
```